中 建梅溪湖别墅：豪笙印溢
Overflown Impression

泰 安中齐国山墅 32 号楼样板间
Zhong Qi Guo Shan Villa
Building 32, Sample Room

上 海绿地海珀璞晖：新禅意的空间智慧
Hai Po Pu Hui-
New Zen Space Intelligence

嘉 和 城 天 著
Gentle · TianZhu

沈 阳中海寰宇天下：依本多情
Deep Friendship

惠 州 奥 林 西 克 花 园
Huizhou Olympic Garden

云 砚：新 东 方 人 文 情 怀
Simple Gorgeous

苏 州九龙仓内1湖碧堤半岛联排别墅
Tourmaline Wharf Yin Lake
Peniusula Townhouse 260 Units

昆 明滇池龙岸 B 户型别墅
Kunming Dianchi
Lake Long Shore Villa B

菩 提 别 墅
Bodhi Villa Showroom

宁 波东钱湖悦府会所售楼处：悦府会
Ningbo Dongqian
Lake Yue House, Phase 1

水 月 周 庄 售 楼 会 所
ShuiYueZhouZhuang Sales Center

国 民院子：笔墨纸砚
Dialogue Between Space the city

郑 州金马凯旋家居 CBD 销售中心
Zhengzhou KINMUX
Furniture CBD Marketing Center

碧 云 天 销 售 中 心
Pik Wan Tin Sales Center

大 连 万 科 樱 花 园
Dalian Vanke Sakura Park

嘉 宝梦之湾售楼处
Jiabao Group Meng ZhiWan Sales Center

广 元 天 悦 府 销 售 中 心
GuangYuan Tian YueFu Sales Centre

南 京 中 航 樾 府 会 所
Nanjing Old House Clubhouse

达 观山
Da Guan Shan

参评机构名/设计师名:
刘卫军 Danfu Liu
简介:
PINKI品伊创意集团董事长,PINKI品伊创意
设计机构&美国IAIR刘卫军设计师事务所首
席创意总监。美国IARI(国际认证与注册协
会International Accreditation Registration
Institute 的简称)高级室内设计师,首批中国

高级室内建筑师,美国Hall of Fame 名人堂
2007中国首批成员之一、2002年中国人民大
会堂推行发布陈设艺术配饰专业发展第一人。

中建梅溪湖别墅:豪笙印溢
Overflown Impression

A 项目定位 Design Proposition

体现奢华、高艺术品味但不失空间利用率,适合当地市场品位的东方意韵及适合空间的简洁大方的处理手
法,尝试开发更多共享功能的使用空间,希望能赋予空间更多组合的可能性,达到了差异化产品创造性。

B 环境风格 Creativity & Aesthetics

东西方的碰撞,在尊重东方传统生活方式的基础上,融入西方艺术文化,营造新亚洲风格,主题生活方式
整体不乏视觉效果新颖。私密空间温馨、注重享受。工艺给人新的视觉冲击和新的思维冲击。

C 空间布局 Space Planning

此产品为双拼别墅,地上三层,地下一层,一共4层。室内空间设计与及庭院花园综合规划,庭院区设置
有凉亭、烧烤区、户外泳池等休闲、活动为一体。 考虑到功能的完整和合理性,在原来过厅的基础上,
下沉两级,拓展了过厅的面积,令过厅更加大气,形成了一种全开放式的格局,引进自然光线,增强了空
间的通透感。一层大客厅、餐厅,宽阔的视野,展现出空间的开阔而大气。利用原来的户外平台,设计为
户外休闲早餐区,既有功能性的满足又与户外风景相互融合、相映成趣。二层定位为家庭成员休息的空
间。把原有的挑空位利用起来,设置为儿童创想室。另有独立的次主卧套间、次卧室、儿童房。三层为主
人专享空间,打破原有主卧室的空间规划,集于书房、衣帽间和卫生间为一体的超大尺度空间。

项目名称_中建梅溪湖别墅:豪笙印溢
主案设计_刘卫军
参与设计师_梁义、袁朝贵、陈春龙
项目地点_湖南长沙市
项目面积_350平方米
投资金额_260万元

D 设计选材 Materials & Cost Effectiveness

通过最普通的材料,石材、墙布、金属等,做最合理的演绎,营造最理想的艺术生活空间。

E 使用效果 Fidelity to Client

意向客户普遍反映非常喜欢样板房的设计风格,随着中国房地产市场的快速发展,创新主题文化式住宅及
情感融入的样板生活方式的推出越来越受到客户青睐,此作品的热销即是明证。

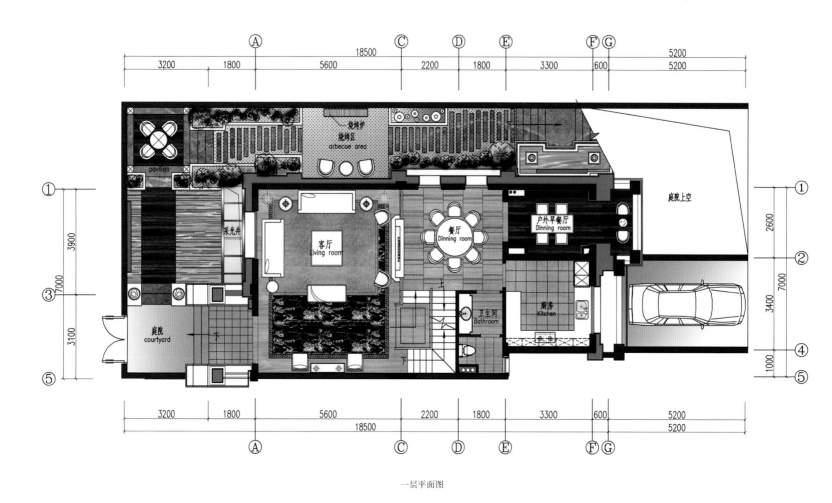

一层平面图

次主卧室
Master bedroom

化妆间
Dressing room

卫生间
Bathroom

儿童房
Child room

过厅
Lobby

次卧室
The bedroom

二层平面图

参评机构名／设计师名：
济南成象设计有限公司/
IMAGING Space Planming
简介：
成象设计是山东最好的设计公司之一，在房地产样板间设计、售楼处设计领域最大、业绩最多、最专业的设计企业。众多的案例和不断的钻研让成象设计在样板间和售楼领域如何结合

营销销售、如何提高客户体验、如何节约成本上形成了自己独有的设计理论，同时成象设计在精品酒店设计领域也形成了自己的核心竞争力并且成绩斐然。成象设计还涉足商场设计、办公室设计、别墅豪宅设计、软装设计、灯光设计、VI识别设计等领域。

泰安中齐国山墅32号楼样板间
Zhong Qi Guo Shan Villa Building 32, Sample Room

A 项目定位 Design Proposition

"山居"是一种生活方式，远离尘世的喧嚣，颇有隐居于此的静谧。生活的内容感来自于细微的感动。

B 环境风格 Creativity & Aesthetics

本户型在色彩上主要以咖啡色为主色调，富有生命气息浓重的绿色跳跃于空间的每个角落，有种"空山新雨后，天气晚来秋"的清朗与惬意。

C 空间布局 Space Planning

主卧整体空间很开阔，窗户采光非常棒。鸟笼花卉把自然的气息带入室内，与自然结合便有裸心的洒脱。坐在窗边喝茶，看书，冥想都是非常不错的生活体验。床头装饰画禅意十足，黑色鹅卵石跌落激起一圈圈麻绳造型的水晕，打破整个空间的宁静，"静中有动"使整个空间有一种活跃的氛围，生气勃然。可以活动的皮革衣柜把衣帽间和卧室若隐若现的隔开，突破常规的布局方式，满足功能需求的同时又新颖独特。

D 设计选材 Materials & Cost Effectiveness

首先引入眼帘的是客厅与走廊交界处极具欢迎性造型富有张力的太湖石，秉承泰山的文化，延续泰山的地域特色。餐厅部分与客厅含情而望，夹丝玻璃使餐厅与走廊隔而不断，整排亚克力红酒架大气而独特，镜面电视现代而时尚，最惹眼的是餐桌中间大盆热烈的黄色跳舞兰，热烈的黄使整个空间瞬间鲜活起来。

E 使用效果 Fidelity to Client

此户型带给人们的是超脱繁杂喧嚣的"山居"生活，来到这里生活不仅仅是为了买套房子，买的是宁静的生活方式，裸心的生活态度。

项目名称_泰安中齐国山墅32号楼样板间
主案设计_岳蒙
项目地点_山东泰安市
项目面积_165平方米
投资金额_70万元

一层平面图

参评机构名/设计师名：
葛亚曦 Kot

简介：
2011年艺术与设计年度创意人物，2012年全国十大配饰设计师。
作品曾荣获2012年首届全国软装盛典十佳作品
2012年艾特奖最佳陈设艺术设计奖、2013年
"金外滩"奖最佳饰品搭配优秀奖、2013年

CIID第二届陈设艺术作品邀请展最佳色彩搭配奖。
崇尚民主独立的他，骨子里便有种对主流与潮流的批判，即便自己所从事的配饰设计在大多数人看来是需要紧密与国际潮流接轨，但在他的作品里，也很难看到所谓的主流经典，更不用说"快消费"时代的高街潮流。这也正好体现了他在LSDCASA品牌创立之初，提出的

"立于潮流之外，艺术构建生活"的理念，倡导生活方式的独特性，不盲从主流，忠于自我。

上海绿地海珀璞晖：新禅意的空间智慧
Hai Po Pu Hui-New Zen Space Intelligence

A 项目定位 Design Proposition
东方的静谧安逸和简约利落的现代风，有着同样的精神诉求——"少，即是多"。 在这样特定的空间环境下，除却繁冗雕饰脂粉皮毛，只剩下禅意的风骨和博大的空间智慧。 生活本真的气度在这样的居家环境中酝酿升腾。这也与中国古人对居住环境提出的"删繁去奢，绘事后素"的理念不谋而合。

B 环境风格 Creativity & Aesthetics
最初的设计概念定位为：东方禅意。设计师希望用极简的线条与淡雅的纯色相搭配，创造质朴却不失品位，含蓄但不单调的生活氛围。但是整个硬装是目前主流市场比较常见的手法，金属及反光材质的运用，让空间有着华丽的诉求。如何让"禅"这种出世的意境在环境中得以体现，是设计之初需要解决的问题。LSDCASA的解决方案便是：以新禅意解读空间智慧。

C 空间布局 Space Planning
在很多地方，例如书房及男孩房的天花处都巧妙地设置了收纳功能，而且用不封闭的墙体作为两个空间的隔断，使各个区域更加连贯和通透。

D 设计选材 Materials & Cost Effectiveness
与传统的表现禅意的手法不同的是，LSDCASA此次在材质的选择上，摒弃了常用的低反光、粗朴质感的材料，而使用较为细腻、缜密的木及金属等等。空间的整体气质显得更为精致与高贵。

E 使用效果 Fidelity to Client
整个空间有着独特的气质：简、精致、温暖。没有繁复的细节，没有奢华的格调。

项目名称_上海绿地海珀璞晖：新禅意的空间智慧
主案设计_葛亚曦
项目地点_上海
项目面积_125平方米
投资金额_62万元

平面图

参评机构名/设计师名：
成杰 Cheng Jie

简介：
非室内及相关专业毕业，从事室内设计工作十多年，自学成才，形成自己独立的设计见解与理念。目前从事地产领域及地产相关领域多专业设计。嘉和城天著样板宫殿主笔设计师，香港文利（WINNIN）室内设计董事总经理、设计总监，风范室内设计联合会首席顾问、名誉理事长，中国CIDA注册室内设计师及会员，中国建筑学会室内分会第二十一专业委员会委员，全国住宅装饰装修行业优秀设计师。

嘉和城天著
Gentle·TianZhu

A 项目定位 Design Proposition
开创性地下三面采光设计，最大程度挖掘环境优势，土地资源及使用功能开发。

B 环境风格 Creativity & Aesthetics
适宜地区气候特点，与环境最大程度地接触。

C 空间布局 Space Planning
导入北方地区的建筑布局，针对性解决当地气候劣势，开创性地融合景观资源。

D 设计选材 Materials & Cost Effectiveness
建筑外墙材料的室内运用。

E 使用效果 Fidelity to Client
功能设置全面，空间感受惊奇，惊爆参观者。给业主方带来直接的批量订单。

项目名称_嘉和城天著
主案设计_成杰
参与设计师_李奇根
项目地点_广西南宁市
项目面积_1800平方米
投资金额_650万元

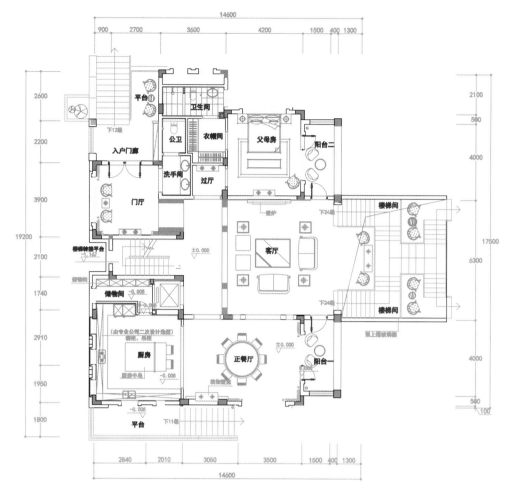

一层平面图

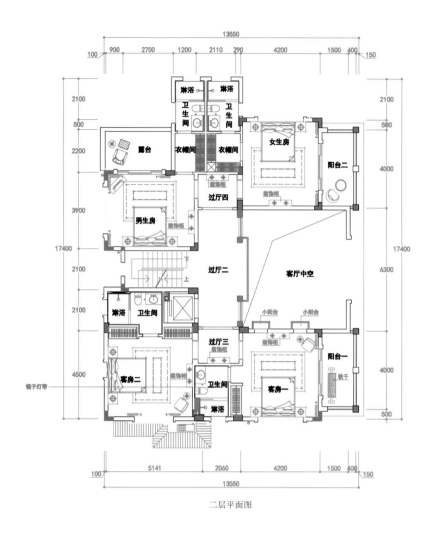

二层平面图

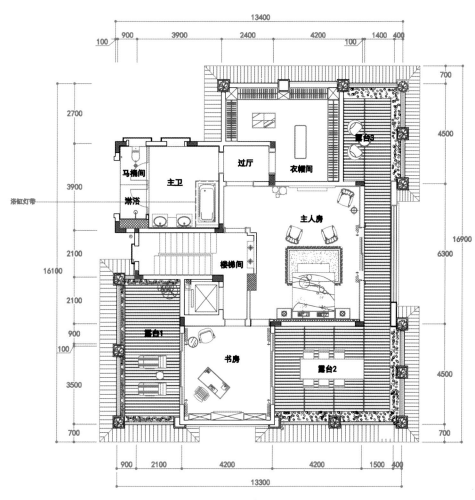

三层平面图

地下室平面图

参评机构名/设计师名：
刘卫军 Danfu Liu
简介：
PINKI品伊创意集团董事长，PINKI品伊创意设计机构&美国IAIR刘卫军设计师事务所首席创意总监。
美国IARI（国际认证与注册协会International Accreditation Registration Institute 的简称）

高级室内设计师，首批中国高级室内建筑师，美国Hall of Fame 名人堂2007中国首批成员之一，2002年中国人民大会堂推行发布陈设艺术配饰专业发展第一人。

沈阳中海寰宇天下：侬本多情
Deep Friendship

A 项目定位 Design Proposition
在这套住宅中设计师运用了绿色为主色调，让整体空间舒适宜人，同时泛着高贵典雅的气质。

B 环境风格 Creativity & Aesthetics
艺术设计与经济的发展息息相关，经济的繁荣使得人们对生活品质有着更高的要求。现代住宅的形式决定着对享受性需求的凸显，因此在本案的设计中我们将室内与室外环境有机结合。

C 空间布局 Space Planning
空间布局的创新往往是新的生活方式的体现，住宅除了满足基本的居住需求之外，更多的需要考虑到居住者对于居住之外的精神需求，为空间注入人文的关怀。跃层的法式休闲露台为居住者提供了一个良好的休憩地，在这里将得到充沛的精神补给，活动空间不再局限于室内，这是一个"可以走出去的房子"。

D 设计选材 Materials & Cost Effectiveness
自然、舒适和环保是我们在材料选择上的最高原则。白色橡木的自然纹理奠定了整个空间的基调，天然大理石的纹理，绿色的墙纸和布艺，蓝色拼花马赛克等，使得空间舒适典雅的气质跃然而出。陈设的选择上自然清新，色彩饱和艳丽，鸟语花香，静谧而自由，铁艺，陶瓷制品和随处可见的绿色植物让空间焕发出新鲜活力，流淌着独特的生活记忆。

E 使用效果 Fidelity to Client
跃层的独特设计，引领的是另一种居住环境，也增强了空间的层次感，并为主人营造了良好的私密性。项目推出客户反应很好，售价超出预期，被甲方评选为年度最优秀样板房。

项目名称_沈阳中海寰宇天下：侬本多情
主案设计_刘卫军
参与设计师_梁义、张罗贵
项目地点_辽宁沈阳市
项目面积_213平方米
投资金额_60万元

参评机构名/设计师名：

任清泉 Ren Qingquan

简介：

个人特长：展示空间、医疗空间、办公空间、餐饮空间、酒店设计、会所设计、售楼处、样板房、家装设计、别墅豪宅酒店、别墅样板房、办公空间、餐饮空间、展示空间、医疗空间等设计装修。

惠州奥林匹克花园
Huizhou Olympic Garden

A 项目定位 Design Proposition

将建筑与历史影响的风格融为一体，个性却不脱离生活，设计的独特魅力尽收眼底。

B 环境风格 Creativity & Aesthetics

用现代的设计表现手法体现特有的风格元素，达到空间整体统一。别具匠心的局部调整更为画龙点睛之笔。

C 空间布局 Space Planning

在结构上呈现对称、垂直、尖拱，主体取集中式平面的特点，使空间在感观上起到一定的提升效果。

D 设计选材 Materials & Cost Effectiveness

以人文主义为首，在舒适的前提下体现风格迥异的设计风格特点。

E 使用效果 Fidelity to Client

刚中带柔，柔中有刚，整个空间协调而惬意，大气而精致。

项目名称_惠州奥林匹克花园
主案设计_任清泉
项目地点_广东深圳市
项目面积_400平方米

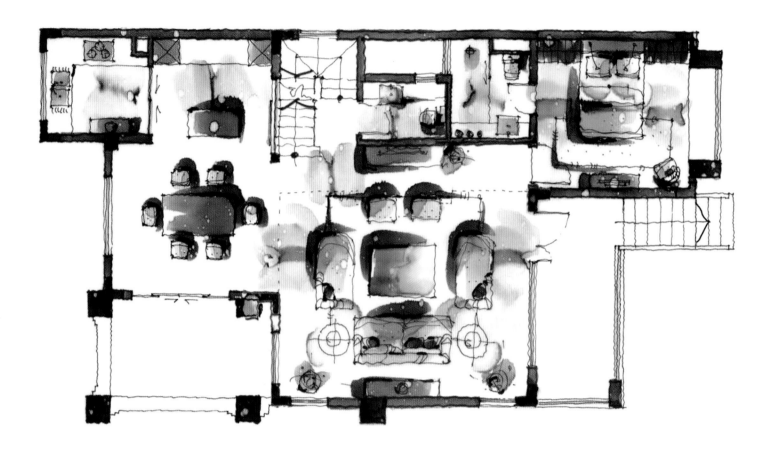

一层平面图

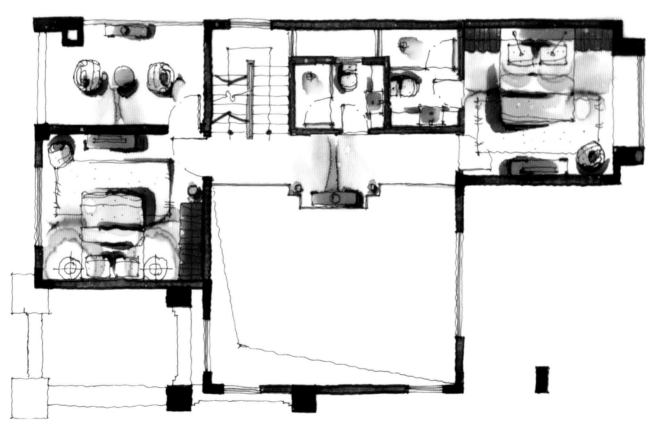

二层平面图

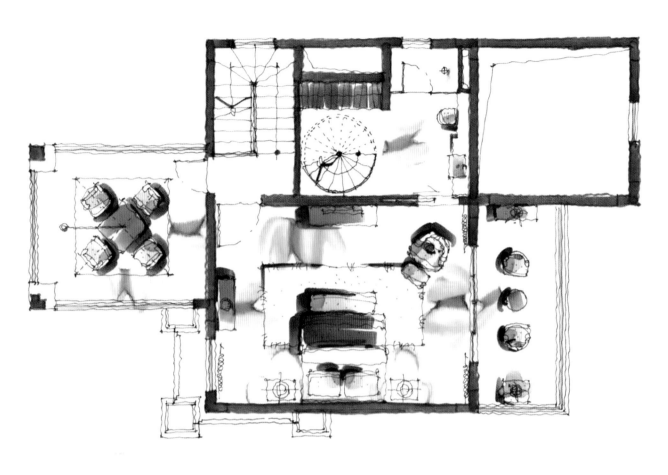

三层平面图

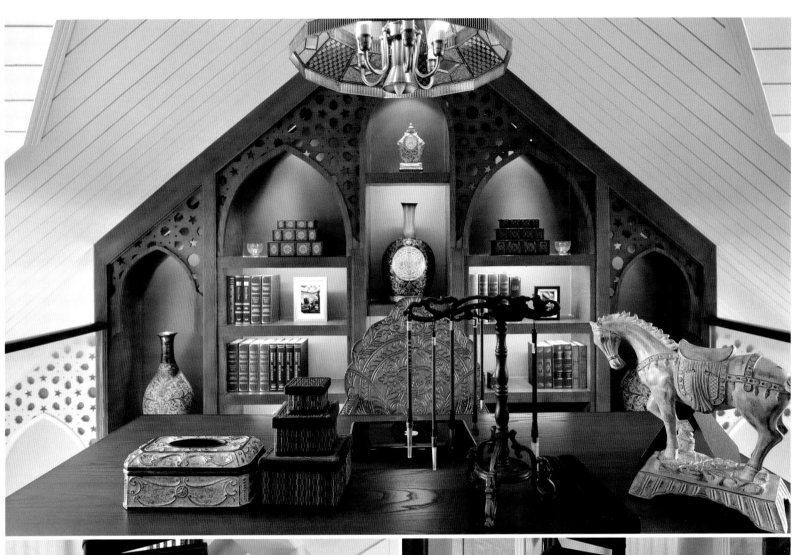

参评机构名/设计师名:
张清平 Chang Chingping
简介:
天坊室内计划有限公司负责人，逢甲大学
室内景观学系现任讲师，香港今日家居
INNOVATION IN LIFE-STYLE顾问，深圳室内
公共空间编委会副主任。

云砚：新东方人文情怀
Simple Gorgeous

A 项目定位 Design Proposition
空间中每一个细节的安排，是对生活的热爱转成不一样的细腻，是刻意的空间退缩，让厅与院融为一体，成就更宽阔的视野；是自然风情的植栽，形成生活隐私的自然屏障，让家在城市中也能感受到为宁静生活所构思的规划。

B 环境风格 Creativity & Aesthetics
丰饶的感官体验，让空间使用者能身临其境，涵养以东方美学为主、欧陆浪漫为辅的折衷人文概念。

C 空间布局 Space Planning
简敛素朴，是一种极限精简而内蕴浑厚，由外而内皆臻和谐的态度，在大器壮阔的布局里，让木、石、金属等各类质材，展露各自的肃穆与端庄，轻盈游走的干净线条，既有现代的精准，也有来自中式窗花的抽象表述，将暖暖内涵的人文坚持，婉转铺陈于每一个角落。

D 设计选材 Materials & Cost Effectiveness
为打造一处让感官之美更有深度的作息环境；透过多种材质、和谐色彩、细腻工法，凝聚迎宾餐厅与生俱来的情境氛围，并经由对称格局、改良自宫灯的大型灯饰、花艺、中式窗花图腾等种种精华元素轮番演出，精彩诠释如时间停格般的宁谧与恒久，仿佛世间的美，都浓缩在这方圆顷刻。

E 使用效果 Fidelity to Client
以家来呈现品味，作为反映人生态度的容器，肯定人生价值的时尚舞台，也为居住者描绘出真实而精彩的人生。

项目名称_云砚：新东方人文情怀
主案设计_张清平
项目地点_台湾台中市
项目面积_235平方米
投资金额_240万元

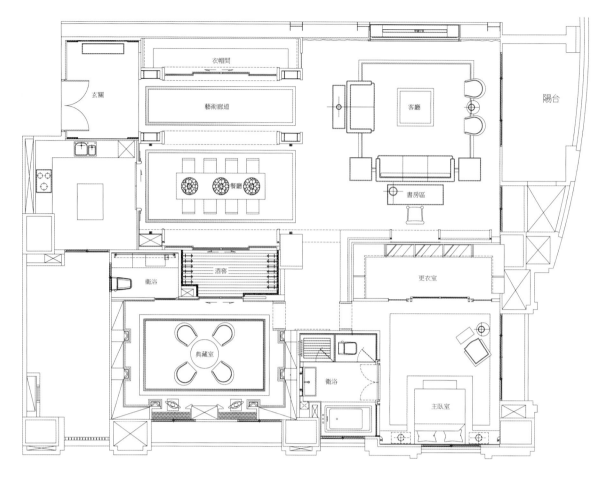

平面图

参评机构名/设计师名:
上海乐尚装饰设计工程有限公司/lestyle
简介:
乐尚(上海乐尚装饰设计工程有限公司)成立于1999年,是一家集设计、配饰、制作于一体的专业室内设计公司。主要从事高档楼盘会所、售楼处、样板房、精装样板房、别墅等的设计、软装配饰与施工工作。公司秉承"创意自由、规划严谨"的理念,立足专业优势,强调创新意识,注重细节,追求品质,重视知识的积累与分享,并通过高效的团队运作,将创意和规划优势进行整合,最大限度地为客户创造价值。乐尚一直追求服务的更高境界,关注客户需求,研究客户需求,并不断超越客户期望。经过10多年的发展,先后为国内多家知名企业提供了优质的专业服务并建立了长期的合作关系。乐尚人坚信"一分耕耘,一分收获",成功之路没有捷径,唯有脚踏实地,勤奋努力,团结一心,不断进取,才能收获进步,收获认可,收获尊重!

苏州九龙仓尹山湖碧堤半岛联排别墅
Tourmaline Wharf Yin Lake Peninsula Townhouse 260 Units

A 项目定位 Design Proposition
我们所推出的大都会风格代表了一种摩登的生活方式,这种生活方式追求简洁但是同时保持着华丽,是流行且时尚的,但同时也可以成为经典,流露出一种低调的奢华。它适合的是追求精致生活,希望自己的家能够时时刻刻散发出独特魅力的人们,适合的是那些永远和时尚生活齐头并进的人们。

B 环境风格 Creativity & Aesthetics
特色在于大量使用皮革材质、精密平整的度洛金属。大胆的设计理念,让线条呈现前卫感。米色、灰色等中性色彩充斥,再加入温暖的主色系为主轴色调,展现出别有的新古典主义现代奢华的感觉。

C 空间布局 Space Planning
空间开阔,装饰精简,尤其是阁楼,尽显奇特感,功能性强,通过镜面空间感觉更加宽阔明亮。将瑕疵变成优点,以开放式的软装收藏展示给大家。

D 设计选材 Materials & Cost Effectiveness
利用阁楼奇特造型顶面,在展示衣物,鞋包墙面采用了镜面,使过道空间不显紧凑,而是更加明亮宽敞。搭配豹纹地毯更显奢华大气。

项目名称_苏州九龙仓尹山湖碧堤半岛联排别墅
主案设计_苏英
参与设计师_袁盛梅、张羽、方文霞、翟树新、何瑛、文浩帆
项目地点_江苏苏州市
项目面积_398平方米
投资金额_300万元

E 使用效果 Fidelity to Client
本案作品在投入运营后得到了客户业主的一致好评,引来周围很多业主都来参观和学习。

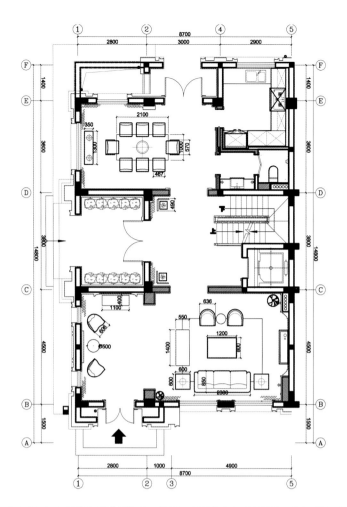

一层平面图

参评机构名/设计师名:
深圳市则灵文化艺术有限公司/
Shenzhen Zestart Co.,LTD
简介:
深圳市则灵文化艺术有限公司致力于一流房地产企业的专业样板房这一细分市场领域,经过多年的努力,我们自豪地成长为样板房软装工程这一领域内的一流企业。公司持续不断地加

强企业的核心竞争力的培养,不断完善人才培养机制,加强团队建设,经过多年的努力与持续不断地投入,公司培养出了优秀的设计师团队,有强大生产能力的家具加工基地,以及完备的安装保障队伍。完美的墙纸,灯具,工艺品供应链合作伙伴。我们多年来精心打造的这一切,是因为我们既重视托付项目给我们的每一个专业房地产公司,因为,我们知道每一个

项目对他们而言都不容有失;同时我们也用真诚的心重视我们的每一个下游供应商,因为他们是我们能服务好每一个核心客户的专业保证。我们深刻地理解这一行业的本质与要求,用心服务每一个客户。

昆明滇池龙岸B户型别墅
Kunming Dianchi Lake Long Shore Villa B

A 项目定位 Design Proposition

美式风格受到美国文化的深刻影响,追求自由的美国人把舒适当作居住环境营造上的主要目标,美式家居浪漫自由的生活氛围,让都市人消除工作的疲惫,忘却都市的喧闹,拥有健康的生活与浪漫的人生。

B 环境风格 Creativity & Aesthetics

室内彩色的规划上以蓝色调为基础,在墙面与家具以及陈设品的色彩选择上,多以自然、怀旧、散发着质朴艺术气息为主。整体朴实、清新素雅、贴近大自然。山水图案的床品搭配柔软布料,使室内充满了自然和艺术的气息。富有生命力的绿植的点缀下,给整个空间带来愉悦、充满活力的生活氛围。

C 空间布局 Space Planning

平面布局整体大方,轻松优雅,体现出美式风格,舒适,不拘小节的特点。功能分区明确,将居住功能与社交功能适度隔离,既保障主人在居住空间里必要的良好的私密感受,又重点强调出别墅空间不同于一般公寓空间的社交与娱乐功能,让客户自由享受高端生活的美好。

D 设计选材 Materials & Cost Effectiveness

强调面料的质地,运用手绘着大自然图案的墙纸,斗橱,布艺等饰品将居室营造出独特的自然气息,符合现代人的生活方式和习惯,再加上植栽等自然景物的搭配,使居住的人感受到轻松、舒适的身心享受和居住体验。以凸显主人追求简约、自然环保的新时代的价值观与人生观。

E 使用效果 Fidelity to Client

在当地富裕客户中带来极大影响,促进当地客户的价值观与生活方式的改变,提升客户生活品质。

项目名称_昆明滇池龙岸B户型别墅
主案设计_罗玉立
项目地点_云南昆明市
项目面积_567平方米
投资金额_200万元

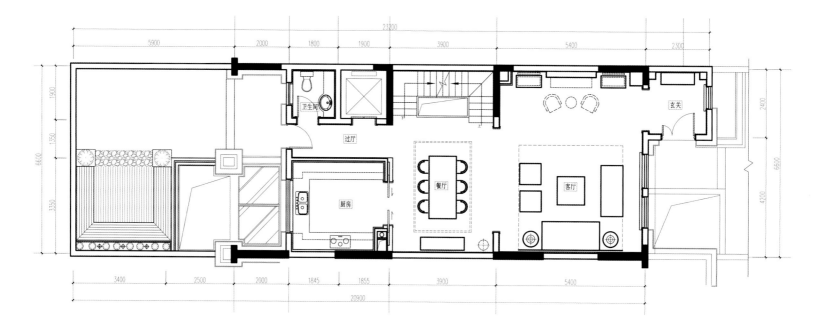

一层平面图

二层平面图

参评机构名／设计师名：
薛鲮　Xue Ling
简介：
所获奖项：2011全国室内装饰设计优秀设计
奖。
成功案例：成都天府高尔夫会所，天津中央公
园会所，北京花家怡园王府井店。

菩提别墅
Bodhi Villa Showroom

A **项目定位** Design Proposition
休闲度假。

B **环境风格** Creativity & Aesthetics
亚洲殖民地特点，融合多国元素。

C **空间布局** Space Planning
庭院增加泳池，有独立spa。

D **设计选材** Materials & Cost Effectiveness
麻质藤编为主。

E **使用效果** Fidelity to Client
拉动销售。

项目名称_菩提别墅
主案设计_薛鲮
参与设计师_林翠翠、吕东辉
项目地点_北京
项目面积_650平方米
投资金额_450万元

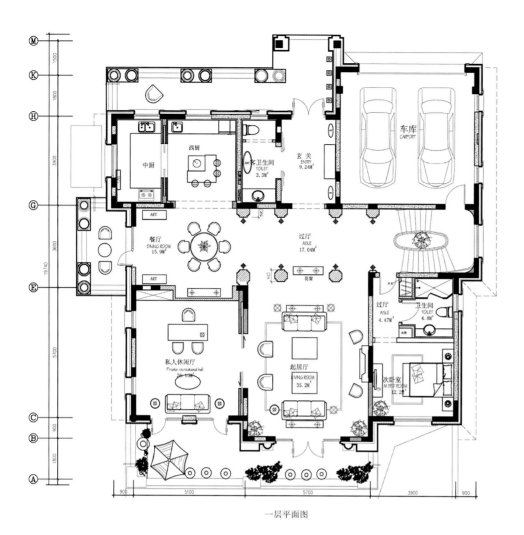

一层平面图

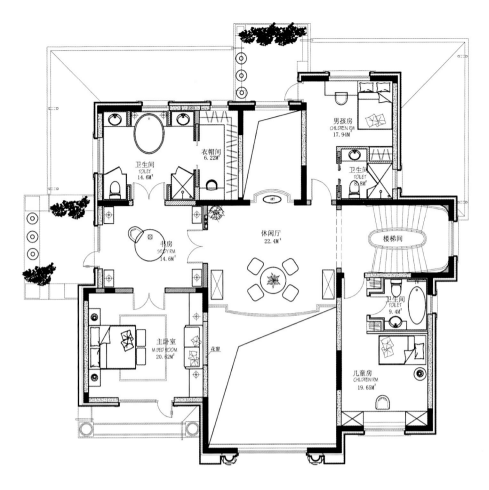

男孩房
CHILDREN RM
17.94M²

衣帽间
6.22M²

卫生间
TOILET
14.6M²

卫生间
TOILET
6.8M²

书房
STUDY RM
14.6M²

休闲厅
22.4M²

楼梯间

卫生间
TOILET
9.4M²

主卧室
M BED ROOM
20.62M²

花窗

儿童房
CHILDREN RM
19.65M²

二层平面图

参评机构名/设计师名：
韩松 Han Song
简介：
毕业于湖北美术学院的环境艺术及室内设计系。多年来潜心致力于地产行业设计，不断追求超越和完善高品质与高品位的设计一直是韩松推崇的个人风格。非常热爱中国传统文化，擅长东方设计风格，以现代中式风格见长。典型的中式设计风格案例有：万科棠樾会所、江西万科青山湖售楼处和太湖天成别墅、宁波钱湖悦府会所售楼处等。对其他设计风格的诠释也很唯美和独到，设计作品近年来在上百个书籍和杂志上刊登，并获得了一致好评。

宁波东钱湖悦府会所售楼处：悦府会
Ningbo Dongqian Lake Yue House, Phase 1

A 项目定位 Design Proposition

在硬件和智能化体系上坚持柏悦酒店一贯高品质的传承，让客户不经意间感受到骨子里的柏悦性格。比如：一进入会所，所有的窗帘为你徐徐打开，阳光一寸寸地洒进室内；按一下开关，卫生间的门就会自动藏入墙内；全智能马桶自动感应工作……随处让人感受到高品质的舒适体验。

B 环境风格 Creativity & Aesthetics

在空间和视觉语言上与柏悦酒店完美对接；在空间上以中国建筑传统的空间序列强化东方式的礼仪感和尊贵感；在视觉上通过考究的材料和独具匠心的工艺细节，以简约的黑白搭配一气呵成，展现了东钱湖烟雨濛濛、水墨沁染的气韵。

C 空间布局 Space Planning

增加全新的功能体验，在商业行为中加入文化和艺术气质。设置独立专属的高端客户接待空间，独立酒水吧、独立卫生间。尽享尊贵、专属的接待服务。

D 设计选材 Materials & Cost Effectiveness

我们在地下一层设计了一座小型私人收藏博物馆，涉猎瓷器、家具、中国现代绘画、玉器等……不仅大大提升品质，同时也给客户带来视觉和心理上的全新震撼体验。

项目名称_宁波东钱湖悦府会所售楼处：悦府会
主案设计_韩松
参与设计师_姚启盛、庞春奎
项目地点_浙江宁波市
项目面积_850平方米
投资金额_1275万元

E 使用效果 Fidelity to Client

1.作品投入运营后，获得一致好评，有力助推了整个楼盘的销售，获得甲方认可；2.荣获了2012年度国际空间设计大奖"艾特奖"最佳会所空间设计提名奖；3.在多家刊物上发表。

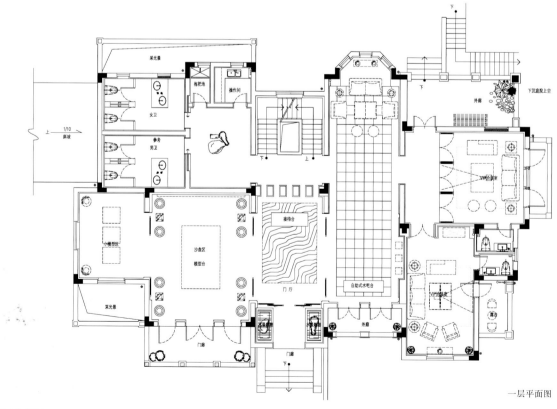

一层平面图

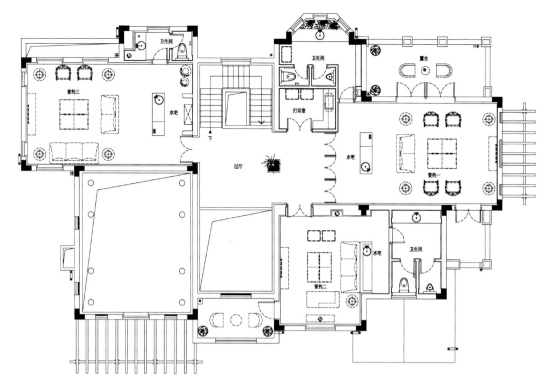

一层平面图

参评机构名／设计师名：
萧爱彬 Xiao Aibin
简介：
2008获得亚太室内设计双年大奖赛 优秀作品奖，
2008年摄影"宁静港湾"获亚太地区"感动世界"中国区金奖，
2008年获得全国设计师网络推广传媒奖，
2009年获得SOHU "2009设计师网络传媒年度优秀博客奖"，
2009年获得"中国十大样板间设计师最佳网络人气奖"，
2009年获得华润杯中国建筑设计师摄影大赛最佳建筑表现奖，
2010年获得全国杰出设计师称号。
出版《"时尚米兰"——最新国际室内设计流行趋势》《"精妙欧洲"——遭遇美丽建筑游记》《"没有历史的西方"再见美国建筑游记》《"雕刻时光"萧氏设计作品集》《阳光萧氏：居住空间》《阳光萧氏：商业空间》《现代金箔艺术》《花样米兰》。

水月周庄售楼会所
ShuiYue ZhouZhuang Sales Center

A 项目定位 Design Proposition

现在的楼盘卖的不仅仅是房子，更多的是文化、是生活方式。售楼中心也不简单的只堆堆沙盘，放几个洽谈桌椅，更多的是体现业主的品味和展现环境迷人的风光，能让客人有宾至如归的感觉。

B 环境风格 Creativity & Aesthetics

陈逸飞的《故乡的回忆》把周庄炒红了以后，周庄便成了"小桥、流水、人家"的代名词，成为了江南的缩影。项目方选择了一块完全是湿地的一个地方填将起来，垒起了今天这么个令人叹为观止的绿洲。

C 空间布局 Space Planning

"江南、水月、周庄、当代"这一串词语就是这个售楼会所的主题，也是风格。入口的玄关是设计师的重点设计。地处水乡，风水很重要，是要重视人的心理，本性和习惯。

D 设计选材 Materials & Cost Effectiveness

进门厅的处理，既围合又通透，在蓝色的墙饰与白皙的太湖石的迎宾台揭示了"江南、苏州、当代"的主题，既传统又时尚。本来设计就想在入口处做一些特别的造型，选择桌子的处理方式是一个很不错的思路。销控台区与沙盘模型区用木色作区隔，原木色的墙板与书架是设计师得心应手的空间处理方式，不矫揉造作。

E 使用效果 Fidelity to Client

沿湖边的窗景是客人休息、洽谈、签约的最佳位置。通过半通透的隔断围合，恰如其分地让每一个客人都有惬意的感觉，身在这里可以一览周庄水乡的美景。住在这里就住在了周庄，住在拥有信息时代、高品质生活方式的水乡。

项目名称_水月周庄售楼会所
主案设计_萧爱彬
项目地点_上海
项目面积_1200平方米
投资金额_1000万元

参评机构名/设计师名：
张清平 Chang Ching Ping
简介：
经历天坊室内计划有限公司负责人，逢甲大
学室内景观学系现任讲师，香港今日家居
INNOVATION IN LIFE-STYLE顾问，深圳室内
公共空间编委会副主任。

国民院子：笔墨纸砚
Dialogue Between Space the city

A 项目定位 Design Proposition
透过东西文化的剪辑与交融，实质线条的高低，内外交错，以抛物线依附量体的概念，建筑的虚与实，诠释新国民贵族特色，并衍生出空间与城市脉络的精彩对话。

B 环境风格 Creativity & Aesthetics
量体空间起伏的轻盈感，创造了最佳的显旋光性，将墙面、光影、水影，交织成一种独特而律重的氛围。

C 空间布局 Space Planning
空间语汇，以"文化交会"与"线条虚实交错"之二种概念构成。空间架构以笔、墨、纸、砚文房四宝，是具象同时也是抽象的串联空间，将中国人文风范精湛展现。

D 设计选材 Materials & Cost Effectiveness
狂草笔，以原生素材构成装饰与空间的精神线条。龙纹墨，阵列的墨柱创造出宽阔且中国风的空间布局。天灯纸，硕大的卷轴转化光明迎接希望与温暖的心愿。玉石砚，自然肌理的展台呈现心安淡定的空间质感。

项目名称_国民院子：笔墨纸砚
主案设计_张清平
项目地点_辽宁大连市
项目面积_720平方米
投资金额_1440万元

E 使用效果 Fidelity to Client
以东方的人文、西方的优雅融合时尚，让古典也可以非常现代，让人文也可以非常前卫。

mht.

参评机构名/设计师名：
深圳市名汉唐设计有限公司/
MINGHANTANG DESIGN CO., LTD.

简介：深圳市名汉唐设计有限公司创建于1997年，总部设在深圳。公司拥有国家甲级建筑装饰设计资质、主创设计师为中国美术学院毕业生设计组合群体及海归派设计精英，以强大的组合设计团队、创新的设计概念、完美的专业技术和科学的管理，受到业界各方的好评，多次获得各种优秀工程奖项。

郑州金马凯旋家居CBD销售中心
Zhengzhou KINMUX Furniture CBD Marketing Center

A 项目定位 Design Proposition
本案例糅合中西文化的手法，运用光、精致屏风、简单大方的饰品营造出丰富的艺术情调，各元素在方寸之间都极尽雕琢，呈现出东西文化融合的大胆想象，现代设计手法在宽阔的空间中形成视觉凝聚。

B 环境风格 Creativity & Aesthetics
突出国际化、公馆级品质，外立面造型典雅华贵，线条鲜明，凹凸有致，室内装饰设计注重细节艺术雕琢，在气质上给人以深度感染，呈现优雅、高贵和浪漫的欧美风情。

C 空间布局 Space Planning
以气势恢宏的中庭为核心，形成空间的高度整合及人流、信息流的集聚态势，是交流活动的聚点和中心。各功能板块分布两翼，形成彼此衔接又各具特色的空间发展格局。

D 设计选材 Materials & Cost Effectiveness
空间上希望用金属屏风隔断来营造不同的空间氛围，这种手法更多时候能够营造不一样的空间，通过虚拟的围合达到一种半私密的独享空间。这种处理手法隔而不断，丰富空间同时也不会造成空间狭小。通过格栅网格方式划分，配合不同的疏密层次，再通过不同材质或者收口方式从而创造不一样的视觉效果。充分利用"线与面"的组合方式来营造空间，比如墙面的上下两部分就采用不锈钢的线性组合和实体石材的面来形成对比。

E 使用效果 Fidelity to Client
外立面造型别致，线条简约，色彩典雅，室内装饰设计极具优雅、高贵气质，细节雕琢彰显艺术品位，成为当地最具品质感和价值感的家居商业营销中心，全面彰显高端商务人群的价值、品位与格调。

项目名称_郑州金马凯旋家居CBD销售中心
主案设计_卢涛
参与设计师_李军
项目地点_河南郑州市
项目面积_5500平方米
投资金额_5800万元

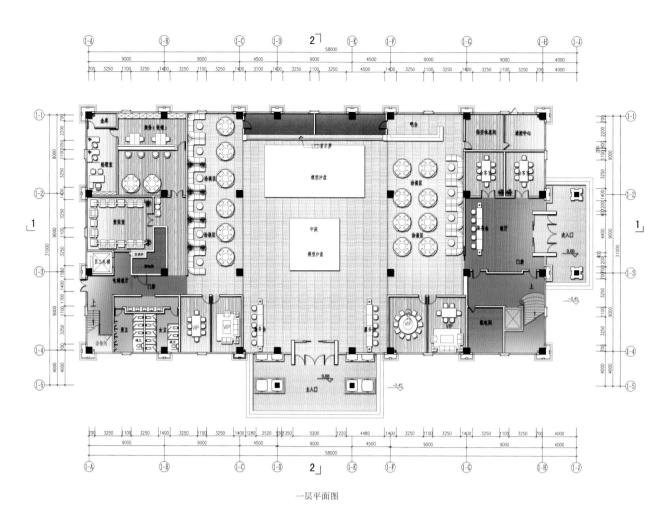

一层平面图

参评机构名/设计师名：
谢柯 Xie Ke
简介：
毕业于四川美术学院，重庆尚壹扬装饰设计有
限公司总经理兼设计总监，曾获2012金堂奖。
代表作品：招商地产青岛项目销售中心。

碧云天销售中心
Pik Wan Tin Sales Center

A 项目定位 Design Proposition
本案为别墅楼盘，定位较高端。

B 环境风格 Creativity & Aesthetics
本案依山而建，视野宽广，环境优美，远离都市的喧嚣，显得格外的静谧。结合建筑景观的这一特质，我们采用了现代东方的设计手法，以期与环境相融合。

C 空间布局 Space Planning
两层结构，主入口位于一层。借助门外一组敞迎的绿意，一步一履中慢慢步入首层门厅。作为内外空间的过渡，门厅刻意以暗色材质为主，并适度压暗直接照明，让人感受着宁静的指引。我们将与二层相连接的楼梯以雕塑化的手法作为空间的主体予以强化，墙面纵向的木质条板以及质感涂料，形成强烈的围合感，让人的心绪慢慢地沉淀。拾级而上，随之探入大厅，气韵愈发静美，映入眼前的是大幅面的落地玻璃，透映出户外怡人的美景。大厅的设计，笔法极淡，色调极简，黑白材质以不同的材质与质感显现，呼应东方山水画法，间或点缀淡淡的灰蓝色软饰，幽静而深远，心境也自然褪去凡尘，被这沉静无华所触动。

D 设计选材 Materials & Cost Effectiveness
本案以浅灰色质感涂料、大理石、柚木为主要材料，质朴、低色度的材料处理，以方向感极强的排列凸显视觉美感，实践对东方美学的意境营造。

E 使用效果 Fidelity to Client
效果良好。

项目名称_碧云天销售中心
主案设计_谢柯
参与设计师_支鸿鑫、黄莉、李良君、何立、杨凯
项目地点_重庆
项目面积_500平方米
投资金额_180万元

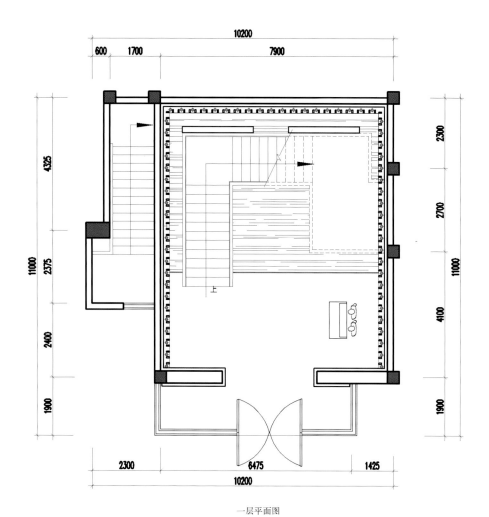

一层平面图

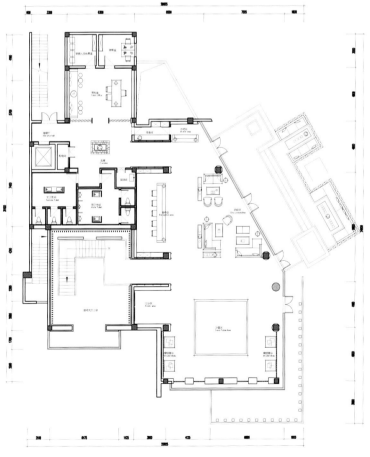

二层平面图

参评机构名／设计师名：
深圳市于强环境艺术设计有限公司/
Yuqiang & Partners Interior Design
简介：
2001 APIDA第九届亚太区室内设计大奖酒吧娱乐类第二名，中国大陆当年唯一获奖设计师，也是中国大陆首位在亚太室内设计大奖赛上获奖的设计师。2008年中国最强室内设计企业评选：荣获年度中国最具价值的室内设计企业十强；荣获年度中国最佳商业空间设计企业十强；2008年 APIDA第十六届亚太区室内设计大奖荣获商业展示类荣誉奖；APIDA第十六届亚太区室内设计大奖荣获示范单位类荣誉奖。2008年中国国际室内设计双年展荣获金奖；2008年深圳室内设计年度奖；获"2008年度最佳室内设计公司"荣誉称号。2008年中国室内设计大奖赛荣获商业工程类三等奖；中国室内设计大奖赛荣获别墅类三等奖。2008年第四届海峡两岸四地室内设计大赛荣获住宅工程类银奖。第四届海峡两岸四地室内设计大赛荣获公共建筑工程类铜奖。2009年第六届中国文化产业新年国际论坛：获"三十年30人中国室内设计推动人物"荣誉称号。2010年APIDA第十八届亚太室内设计大奖荣获样板空间类铜奖。2010年度ANDREW MARTIN室内设计大奖年鉴。2011年度国际空间设计大奖"艾特奖"最佳展示空间设计提名奖。

YuQiang & Partners
于强室内设计师事务所

大连万科樱花园
Dalian Vanke Sakura Park

A 项目定位 Design Proposition
使人从钢筋水泥的都市生活中彻底放松下来，达到身心愉悦。

B 环境风格 Creativity & Aesthetics
以樱花为元素，展开构思，将室外的自然元素有效延展至室内。

C 空间布局 Space Planning
空间上，打破原建筑固有的"盒子"形体，采用折线来穿插、分解空间，抽象的几何形体、界面的转折起伏，与环境中叠山环绕的灵动感觉形成呼应。

D 设计选材 Materials & Cost Effectiveness
色彩延续窗外樱花高雅的白色与粉色，细纹雪花白、实木线条、浅灰色皮革配以原木座椅，体现生态理念，使整个空间氛围更加贴近自然。

E 使用效果 Fidelity to Client
让访客忽略了由室外行至室内产生的空间拘束感，轻松舒适的氛围更能汇集人气。

项目名称_大连万科樱花园
主案设计_于强
项目地点_辽宁大连市
项目面积_739平方米
投资金额_400万元

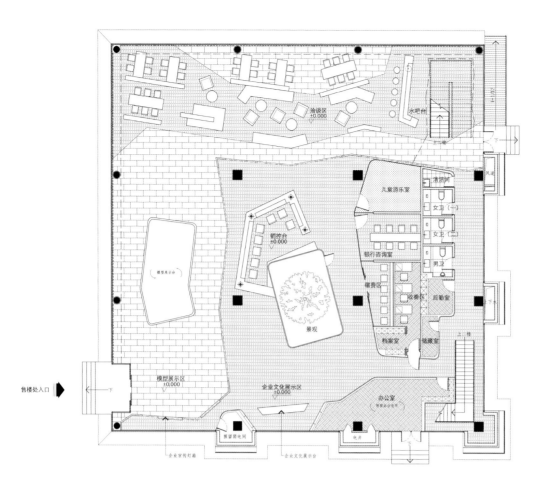

一层平面图

参评机构名/设计师名：
上海乐尚装饰设计工程有限公司/lestyle
简介：
上海乐尚装饰设计工程有限公司公司正式成立于2004年，是一家集设计、配饰于一体的专业性的室内设计公司。
公司现拥有多支充满激情的创意设计团队，目前主要从事高档楼盘会所、售楼处、展示样板房、精装修样板房等的设计、软装工作。乐尚一直追求服务的更高境界，关注客户需求，研究客户需求，并不断超越客户期望。经过近10多年的发展，公司现有130人的规模，先后与万科地产、金地地产、九龙仓地产、中海地产等建立了战略合作伙伴关系。
公司秉承"创意自由、规划严谨"的理念将创意和规划优势进行整合，最大限度地为客户创造价值，得到了广大客户的一致好评。

嘉宝梦之湾售楼处
Jiabao Group MengZhiWan Sales Center

A 项目定位 Design Proposition
这个作品主要市场目标是比较高端的客户群，喜爱对中国文化及传统。

B 环境风格 Creativity & Aesthetics
在软装的装饰运用中，在东方精髓设计元素中融入了装饰主义风格元素。 不单单只是东方元素的简单延承，而加入了新摩登元素。

C 空间布局 Space Planning
用建筑空间中的庭院作为装饰亮点，与自然亲近，大体块的木饰面和内敛稳重的木纹石，规整的排列，内敛稳重的细化白地面，悄悄地沉淀了入内的人们前一刻的心灵。拥挤规整的排列更显大气，产生了空间的延续性。空间色调的运用，皆维持简单素净的风格，体现建筑的空间感。

D 设计选材 Materials & Cost Effectiveness
将张扬的装饰主义展现得淋漓尽致，而家具的软装搭配混搭了不同元素，摩登东方与现代新古典的拼撞，无疑是装饰主义最好表现。

E 使用效果 Fidelity to Client
整体装饰风格贯通"新东方"的设计风格融入装饰主义元素，简约中带有秩序的美感，崇尚的依然是一如既往的舒适，没有复杂的割断，散发出不一样的简洁思维。

项目名称_嘉宝梦之湾售楼处
主案设计_何莉丽
参与设计师_陈欢
项目地点_上海
项目面积_998平方米
投资金额_300万元

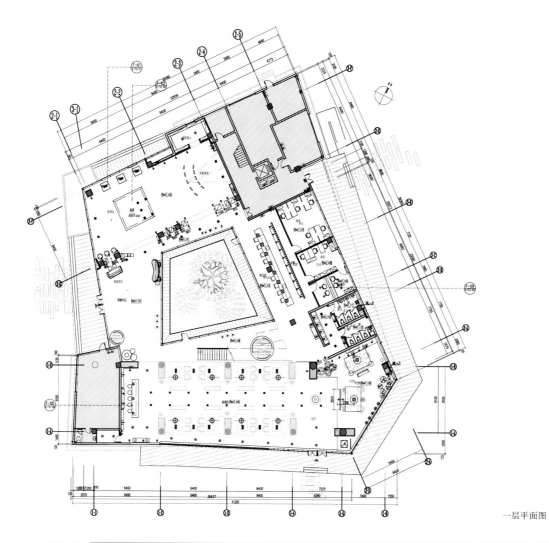

一层平面图

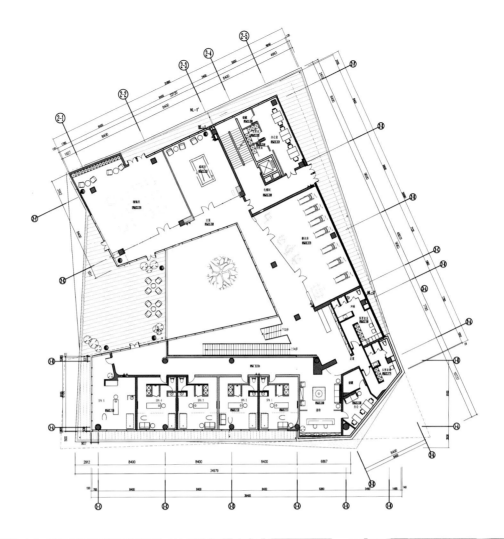

二层平面图

参评机构名／设计师名：
冯雷 Feng Lei

简介：
重庆同尚德加装饰设计工程有限公司设计总监，注册高级室内建筑师，四川美术学院室内设计专业特聘讲师。

广元天悦府销售中心
GuangYuan TianYueFu Sales Centre

A 项目定位 Design Proposition
以山水资源及品质生活氛围为设计出发点，将项目的入住前体验提高到感染未来的高度，从而用体验代替了简单的功能空间。

B 环境风格 Creativity & Aesthetics
立意现代禅意意境，述求大隐隐于市的现代居住生活主张。设计元素以项目自身依山环水、山脉长年隐现云雾之中的独特自然环境特点，提取山水元素，以当代水墨表达方式结合线、面的虚实明暗对比，以画为意、引水为景、游鱼为趣，以暗喻的手法传达项目环境的自然优势以及室内空间的品质感与文化感。

C 空间布局 Space Planning
室内分区以结构柱为分割核心，采用对称化、对应性化的处理方式，划分空间主次功能，并以空间使用与功能的主次流线，结合建筑采光，依次设置空间使用功能。同时通过空间块面凹凸造型，利用材质本身色泽、质感属性结合平面功能区域划，以转折、围合的手法区分功能区域的界面划分，使原有突兀结构柱体融合隐藏于设计造型之中。空间布局体现小见大、以简求精、隔而不断、景中有景、由景生情的禅意情节。

项目名称_广元天悦府销售中心
主案设计_冯雷
项目地点_四川广元市
项目面积_490平方米
投资金额_187万元

D 设计选材 Materials & Cost Effectiveness
尽量简化材料使用种类，强化主要材料自身色彩构成关系，以及黑白灰对比关系。用简洁的材料体系、明确的对比效果来强化空间构成，设计上不过分依靠高档材料使用来体现空间档次，通过材质色彩及质感搭配组合体现空间品位，木饰面材料均为定制成品家具板，确保工期的同时，有力保障了设计细节的精致感。

E 使用效果 Fidelity to Client
项目在投入运营后，整个市场，包括万达、雅居乐等全国性房开企业及当地的一线品牌企业，皆定点参观。消费者的体验后，口碑已推动该项目称为当地"第一盘"。目前项目的销售也成为当地奇迹。

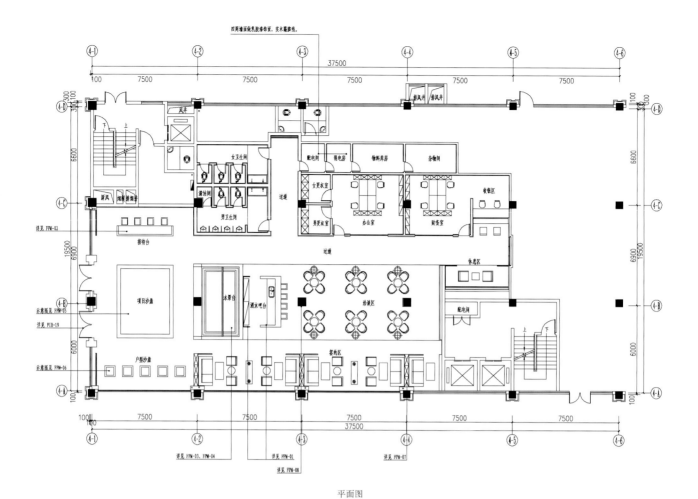

四周墙面做乳胶漆饰面，实木踢脚线。

37500

女卫生间

风井

新风

吸烟清净室

消洗间

男卫生间

接待台

项目沙盘

水景台

酒水吧台

洽谈区

签约区

户型沙盘

配电间　弱电房　物料库房　杂物间

女更衣室

男更衣室

办公室

服务间

收银区

过道

过道

休息区

配电间

排风井　排风井

上　下

上　下

19500

详见 FPM-02

示意图见 FPM-05

详见 FIB-19

示意图见 FPM-06

详见 FPM-03、FPM-04

详见 FPM-08

详见 FPM-01

详见 FPM-07

平面图

参评机构名／设计师名：
北京集美组建筑设计有限公司/
Beijing Newsdays Architectural Design
Co.,Ltd
简介：
2013年获国际室内设计师协会（IIDA）举办
的第40届IDC国际室内设计年度大奖。2012
年获国际室内设计师协会（IIDA）举办的第

39届IDC国际室内设计年度大奖。2012年
度·ANDREW MARTIN国际室内设计奖。2012
BEST OF YEAR年度最佳设计提名奖。2011年
度ANDREW MARTIN国际室内设计奖。"金
堂奖"，"陈设中国-晶麒麟奖"，"室内设
计双年展"。
成功案例：南京中航樾府会所，郑州中原会
馆，北京故宫紫禁书香，上海佘山高尔会所

贵宾厅，上海万科第五园余舍会所，
北京一泉德私人会所，北京时尚大
厦，北京团结湖山海楼会所，北京北
湖九号。

Beijing Newsdays

南京中航樾府会所
Nanjing Old House Clubhouse

A 项目定位 Design Proposition
作为集团的顶级销售会所，摒弃传统销售模式，以江南园林与空间依托，以老宅为载体去触动人内心深处的东方情结。

B 环境风格 Creativity & Aesthetics
没有准确的风格界定，没有传统符号的堆砌，而是将传统的东方文化转换为国际的、世界的。

C 空间布局 Space Planning
"窗外皆连山，杉树欲作林"，在这，有雨、有林，完全模糊了"园"与"院"，"内"与"外"，淡化了"老"与"新"，塑造出新的空间秩序。

D 设计选材 Materials & Cost Effectiveness
我们的设计将传统的元素进行了当代化的转变，木格屏风，比例的重新调整加上镀镍材料的运用，犹如江南缠绵不断的雨，让人心有涟漪。传统的室内青砖，不再是粘木烧制，而是青色丝绸布包裹。

E 使用效果 Fidelity to Client
在业内树立了新的经营模式，在当下推动了新的文化景象。

项目名称_南京中航樾府会所
主案设计_梁建国
参与设计师_蔡文齐、吴逸群、宋军晔、余文涛、罗振华、聂春凯、王二永
项目地点_江苏南京市
项目面积_665平方米
投资金额_500万元

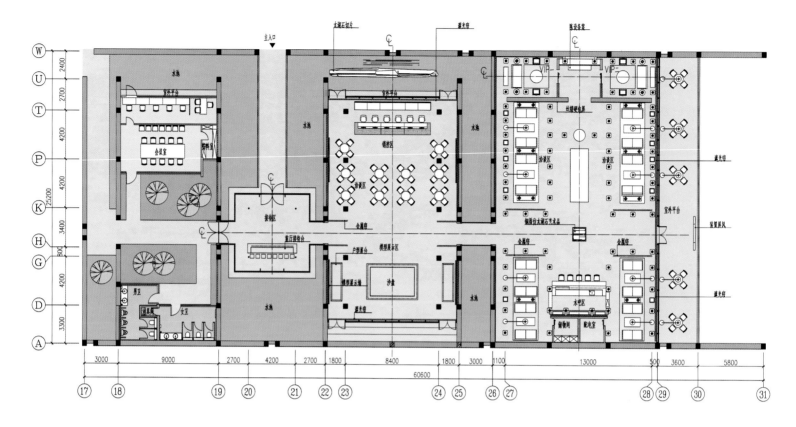

平面图

参评机构名/设计师名：
成都龙徽工程设计顾问有限公司/
Chengdu Longhui Engineering Design Ltd
简介：
最具创新价值的房产顾问，最具整合资源的别墅专家。
致力于服务高端空间设计及陈设设计，主营业务为房地产与会所、别墅的室内设计、陈设设计、陈设产品原创设计与采购。二十多位龙徽人从2001年至今，以项目小组制（设计总监＋项目组长＋设计助理）的方式为客户提供专业的服务，13年来打造了极具品位的各类售楼部、样板房及别墅豪宅，受到客户及业内外高度认可，令龙徽成为成都本土房产专案及别墅领域的佼佼者。

达观山
Da Guan Shan

A 项目定位 Design Proposition

本案地处西南地区唯一一个中央别墅片区——麓山版块，售价均在15000～20000元/平米，我们便将项目定位成舒适的别墅居住模式来适应本区的成熟方向。目标客户群为首次置业别墅的高级白领和企业主，看中大宅大家庭的满足，同时考虑性价比，因此高得房率应该是户型优化的重点方向，空间优化的同时营造温馨的家庭生活氛围。

B 环境风格 Creativity & Aesthetics

将户外的景引入室内，通过空间改造，打造亲水父母房与茶室，开门即是山水。入户门厅，运用草坪、园艺灯、鹅卵石拼花，将小小的空间赋予丰富的内容与变化，让业主回家有个好心情。屋顶改造空间后赢得了一个花园书房与植物围绕的阳光房，让室内外再无界限，更是一个聚会、烧烤的好地方。

C 空间布局 Space Planning

空间布局的重点方向是得房率，我们将原来的四房两厅四卫户型优化为惊人的八房四厅四卫！实现了每一层都有独立的储藏室，入口皆有门厅，在满足生活功能的同时保证大宅的品质感。

D 设计选材 Materials & Cost Effectiveness

材料均选用温暖的大地色系，注重打造家庭温馨的生活情境。比如进口布料的选用，国际水准的家具制作，量身订做的灯具、饰品与地毯，让整个空间浑然天成。

E 使用效果 Fidelity to Client

最初开发商将该项目正常定位为HOME OFFICE状态，如艺术家们的工作室，市场反映平平，经过我们的改造再次呈现之后，开盘第一天就交出了销售几十套的满意答卷！

项目名称_达观山
主案设计_唐翔
参与设计师_李广辉
项目地点_四川成都市
项目面积_348平方米
投资金额_200万元

一层平面图

二层平面图

参评机构名／设计师名：
浙江亚厦装饰股份有限公司/YASHA
简介：
经过十多年的发展壮大，公司现已成长为中国建筑装饰行业的知名企业和龙头企业。
专注于高端星级酒店、大型公共建筑、高档住宅的精装修，树立了"亚厦"在中国建筑装饰行业的一线品牌地位和高端品牌地位。公司先

后承接了北京人民大会堂浙江厅、北京首都国际机场国家元首专机楼、青岛国际奥帆中心、上海世博中心、上海浦东国际机场、中国三峡博物馆、中国财政博物馆、中国海洋石油总公司办公大楼等国内知名大型公共建筑以及北京御园、杭州留庄、阳光海岸、金色海岸、鹿城广场等高档住宅的精装修工程，同时承接了Four Seasons（四季）、Banyan

（悦榕）、Marriott（万豪）、InterContinental（洲际）、Hyatt（凯悦）、Hilton（希尔顿）、Starwood（喜达屋）、Accor（雅高）、Shangri-La（香格里拉）、Wyndham（温德姆）等世界顶级品牌酒店的精装修工程。2002以来，公司共荣获"鲁班奖"等59项国家级优质工程奖，"钱江杯"奖等265项省（部）级优质工程奖。浙江亚厦装饰股份有限公司践行"装点人生、缔造和美"愿景，坚持"创新、共赢、经典"理念，本着"质量第一、信誉至上"宗旨，精心设计，优质施工，努力使客户获得最大价值和最满意服务。

野风山样板间A1
YeFengShan Sample Room A1

A 项目定位 Design Proposition

将古典融入到现代，简洁的图案造型加上现代的材质和工艺，古典的装饰氛围搭配现代的典雅灯具，宣泄出奢华的时尚感。演变简化的线条套框中带有独特的车边茶镜。

B 环境风格 Creativity & Aesthetics

通过简洁大方的设计理念形成丰富多彩的空间节奏感。

C 空间布局 Space Planning

设计形式较为简洁的壁炉同样完美地结合到整个空间当中，它所体现的质感及浪漫的简洁之美，融合新古典与现代的技术手法，彰显其气质。客厅内，造型简洁的浅色沙发与深色的墙面、方正而又带优美曲线的茶几和欧式花纹地毯形成视觉冲击，达到通过空间色彩以及形体变化的挖掘来调节空间视点的目的。

D 设计选材 Materials & Cost Effectiveness

踏着灰木纹石地面你会发现整个客厅与餐厅都是有一些深浅灰白色调的方形或菱形图案组合搭配的，同时交织出空间的层次和趣味。

E 使用效果 Fidelity to Client

满意度高。

项目名称_野风山样板间A1
主案设计_孙洪涛
参与设计师_蒋良君、项建福
项目地点_浙江杭州市
项目面积_350平方米
投资金额_800万元

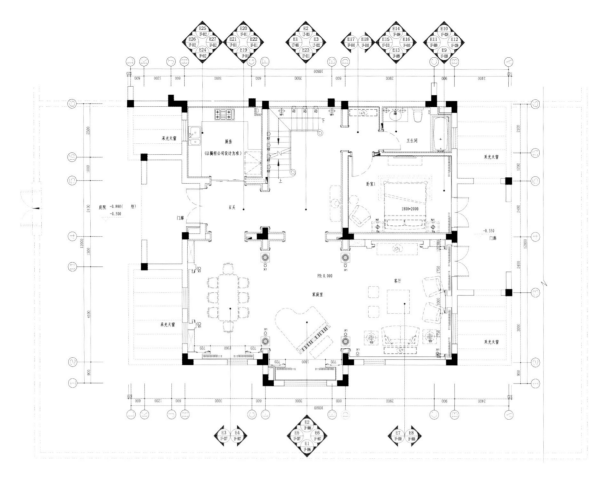

一层平面图

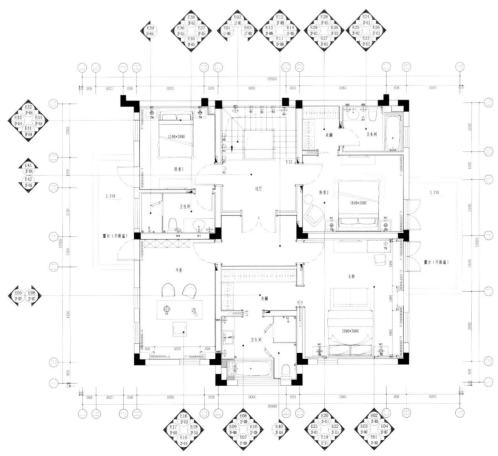

二层平面图

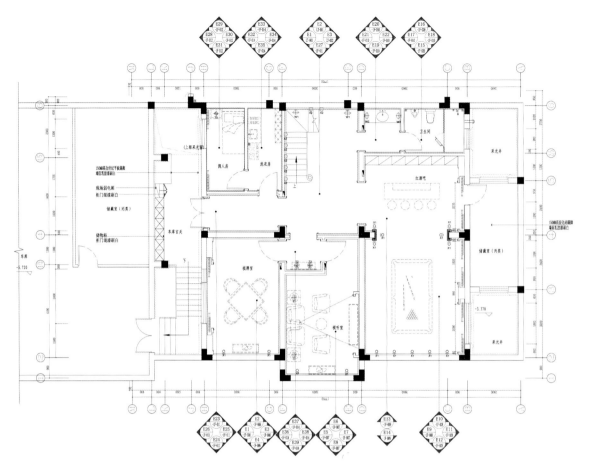

地下室平面图

蓝色 复 式 公 寓
Blue Penthouse

南京 御 江 金 城
Nanjing YuJiangJinCheng

犹梦 依 稀 淡 如 雪
Apartment Design

香港 贝 沙 湾
Bel-Air, Pokfulam

欣盛：东 方 润 园
Xinsheng-DongFangRunYuan

赛格 景 苑 私 宅
SaiGeJingYuan Apartment

简约 大 宅
Simple house

成都沙河新城住宅
Chengdu ShaHe New Town Apartment

墨香
Dark Story

夏末 去 秋 悄 来 的 周 末
Apartment Design

城市花园：气质法式乡村
City Garden (Temperamental
French Style Village)

设计 之 外
What you see is
not design, but life.

黎阳 晟 市
Li Yang Sheng Shi

天雄 大 厦
TianXiong Building

翠屏 国 际
CuiPing Intl.

半山 一 号
The Joyful Tree House

地中海的阳光照亮田园梦想
Mediterranean Sunlight Apastoral Dream

欧城
Europe City

凝聚
Cohesion

延界限
Extending Boundaries

参评机构名／设计师名：
Dariel Studio
简介：
Dariel Studio 是一家荣获多项国内外大奖的室内设计事务所，由法国设计师 Thomas Dariel于2006年在上海创立。自成立起，事务所高质量地完成了多达60多个项目，横跨服务业、商业及住宅领域

Dariel studio 致力于发挥其独创性和创造力，并与良好的项目管理整合在一起，这种双重服务确保了项目从概念创意到落地实施的完美完成，事务所以此而赢得认可和荣誉。
Dariel Studio 根据客户的需求，专注于为客户提供量身订做的设计服务，这种服务方式使得事务所吸引了大量不同类型的中外客户——私人、企业、奢侈品品牌和大型集团。

现今，Dariel Studio拥有25名来自不同国家和背景的专业设计师，投注其对设计的热情。

Dariel™ Studio
Thinking by making

蓝色复式公寓
Blue Penthouse

A 项目定位 Design Proposition
地将原有空间转变为一个宽敞、现代而精致的顶层公寓。满足业主追求精致而又优雅的城市生活需求，并且体现出简约中的品质之美。

B 环境风格 Creativity & Aesthetics
业主一直强调希望能带给他们一个宁静惬意的氛围。这个公寓位于住宅楼的顶层，颇为隐秘安全，也从高度上隔绝了都市丛林的嘈杂。每个房间之间流顺的切换，重复而对称的法式线型不断地在整个空间中上演，隐形门的设计满足私密性的需求且不破坏空间的韵律，蓝色的运用散发令人放松慰藉的质感。

C 空间布局 Space Planning
打破原有的基础体量，使空间显得更为开放。宽阔的挑空客厅凸显了建筑结构和现代感，大面积使用飘窗增加了采光。原先客厅外的小阳台也被打通作为新的室内空间，增大了客厅的休闲区域。楼梯被重新设计并安置在整个空间的中心位置。犹如一件艺术品，这座白色的旋转楼梯同时也兼具了连接各个房间的作用。空间按照传统的功能来分布，每个不同功能的空间都被赋予了别样的风格、特性和辨识度。

项目名称_蓝色复式公寓
主案设计_Thomas Dariel
参与设计师_Justine Frenoux
项目地点_上海
项目面积_140平方米
投资金额_400万元

D 设计选材 Materials & Cost Effectiveness
特别设计并定制的天花板、墙体、储物柜和家具彰显了整体的设计感，使空间焕发出精致考究的气息。由皮革和亚麻布包覆的手工定制的柜子、衣柜和抽屉，其设计灵感取自复古的行李皮箱，紧扣业主爱好旅游这一特点。儿童房中，独家设计的壁纸糅合了文化、乐趣与诗意。整个公寓里的空调出风口，都用刻上法国名句的不锈钢板来展现另一种优雅。

E 使用效果 Fidelity to Client
强烈的设计概念和视觉享受，缭绕不尽的细节，出自大师的家具和灯具，高品质的设备和高科技的应用，都造就了这个小小乐园。业主对这次的设计效果称赞有加。

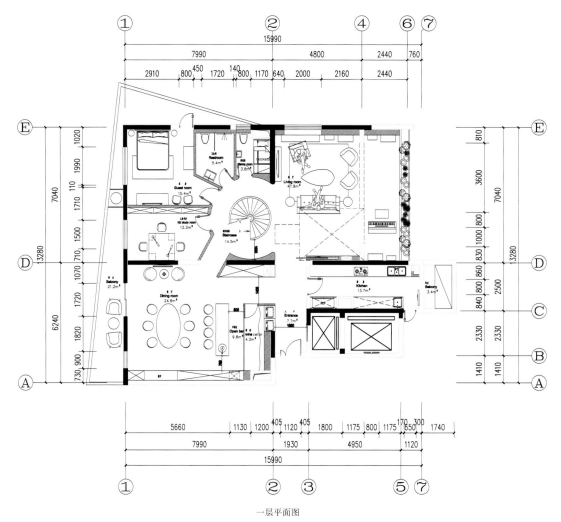

一层平面图

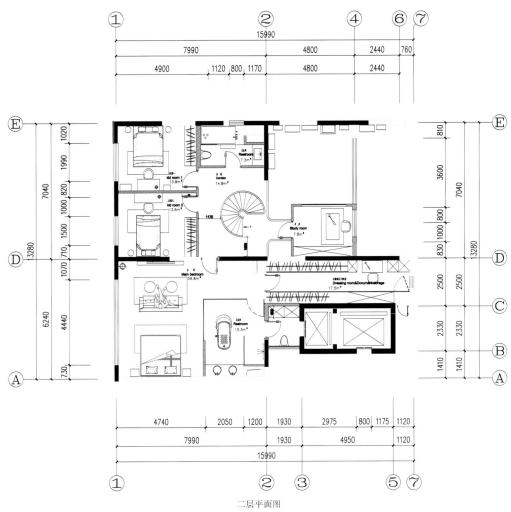

	15990			
7990	4800	2440	760	
4900	1120 800 1170	4800	2440	

Restroom 7.3m²
Corridor 14.8m²
kid room 1 13.8m²
kid room 2 13.8m²
Study room 7.8m²
Main bedroom 39.8m²
Dressing room&Document storage 17.5m²
Restroom 15.3m²

4740	2050	1200	1930	2975	800 1175	1120
7990			1930	4950		1120
		15990				

二层平面图

参评机构名/设计师名:
冯振勇 Feng Zhenyong

简介:
主要案例:帝豪花园、天正湖滨、天泓山庄、金陵大公馆、帝景天城、运盛美之国、雅居乐花园、翠屏国际、山水风华、山水华门、玛斯兰德、瑞景文华、依云溪谷、栖园、香格里拉、栖园别墅、镇江香格里拉别墅 哈尔滨盛和天下别墅等。

获奖情况:2007年亚太国际入围奖,2010年南京金陵杯银奖,华耐杯银奖,个人作品多次刊登金陵晚报、江南时报;多次接受江苏电视台完美空间、标点家装嘉宾、南京电视台神马设计师专访、南京电视台个人专访、365金陵家居人专访。

设计感言:艺术来源于生活,设计需要留意、揣摩生活的每一个细节。希望通过设计引导一种生活方式,提高生活品质。时刻保持对时尚潮流的敏锐触觉,用心设计,用心感悟。设计格言:相信思想的力量。

南京御江金城
Nanjing YuJiangJinCheng

A 项目定位 Design Proposition
本案户型是四室两厅两卫,改造后为一个大套间和两个次卧室,常住人口三位,客户背景是夫妻俩带着一个读高中的女儿,装修包含家具配饰总投入为65万,风格为美式简约风格。

B 环境风格 Creativity & Aesthetics
业主从事媒体工作,经常会出差,所以希望家里以舒适为主,不要过分强调风格。故选舒适性很强、包容性强的简美风格。

C 空间布局 Space Planning
主要是出纳空间的增多,业主衣服很多,需要足够大的衣帽储藏空间。

D 设计选材 Materials & Cost Effectiveness
业主楼层低,采光不好,采用浅色墙纸及镜面效果改善采光的不足。

E 使用效果 Fidelity to Client
业主一家很满意。

项目名称_南京御江金城
主案设计_冯振勇
项目地点_江苏南京市
项目面积_170平方米
投资金额_65万元

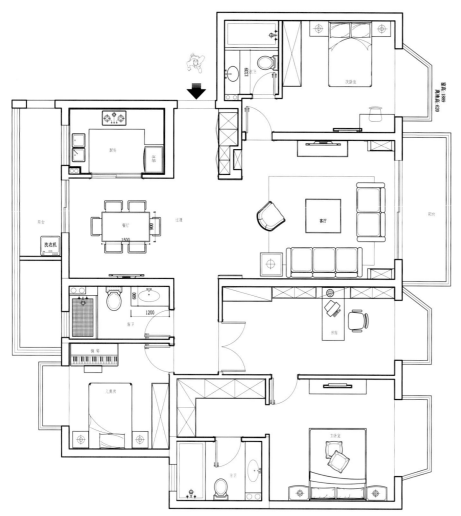

平面图

参评机构名/设计师名：
萧爱彬 Xiao Aibin
简介：
2008获得亚太室内设计双年大奖赛 优秀作品奖，
2008年摄影"宁静港湾"获亚太地区"感动世界"中国区金奖，
2008年获得全国设计师网络推广传媒奖，

2009年获得SOHU "2009设计师网络传媒年度优秀博客奖"，
2009年获得"中国十大样板间设计师最佳网络人气奖"，
2009年获得华润杯中国建筑设计师摄影大赛最佳建筑表现奖，
2010年获得全国杰出设计师称号。
出版《"时尚米兰"——最新国际室内设计流

行趋势》《"精妙欧洲"——遭遇美丽建筑游记》《"没有历史的西方"再见美国建筑游记》《"雕刻时光"萧氏设计作品集》《阳光萧氏：居住空间》《阳光萧氏：商业空间》《现代金箔艺术》《花样米兰》。

犹梦依稀淡如雪
Apartment Design

A 项目定位 Design Proposition
楼盘景色一流，麓山水岸，聆听击水。本设计一方面保留了传统东南亚风格的元素，另一方面加入现代材料的软硬对比，将东南亚的禅意与现代空间手法熔炼于一体。

B 环境风格 Creativity & Aesthetics
门即是敞开式西厨，利用统一的饰面从顶面至入门，鞋柜强化西厨与门厅的空间关系，使面积不足的空间借由"分享"视野来放大住宅格局。透过纱幔若现的禅意雕像静立在客厅主入口。

C 空间布局 Space Planning
步入下沉式客厅，阳光投射，树影婆娑，芭蕉树影透过纱幔投射地面，安谧参禅的氛围尽现眼底。餐厅大面积的落地窗借以庭院绿林景色，呼应室内固定盆栽，形成自然写意的生活情境。

D 设计选材 Materials & Cost Effectiveness
地下室空间尤为突出东南亚的异国风情。开放式按摩室用帘幔的方式围合遮挡，衬以芭蕉叶形的装饰背景与庭院外斑驳的树影营造出浓厚的东南亚风情。SPA空间以砂岩石配以大面积的松木板吊顶，呈现出SPA会所级别的奢华感受。

E 使用效果 Fidelity to Client
本案注重建筑内部与外部环境的衔接。在通风采光得到优化的同时，栅格、纱幔的围合遮挡又确保了可放松身心的空间所必备的私密性。装饰材料上应用原生态的木饰面及文化石、砂岩石，搭配纱幔、棉麻布艺等，尽可能拉大材质间的对比，从而更为强调出从古至今东方风格的转变发展，并营造出静穆平和的禅性意味，谦静自若。

项目名称_犹梦依稀淡如雪
主案设计_萧爱彬
项目地点_江苏苏州市
项目面积_331平方米
投资金额_1000万元

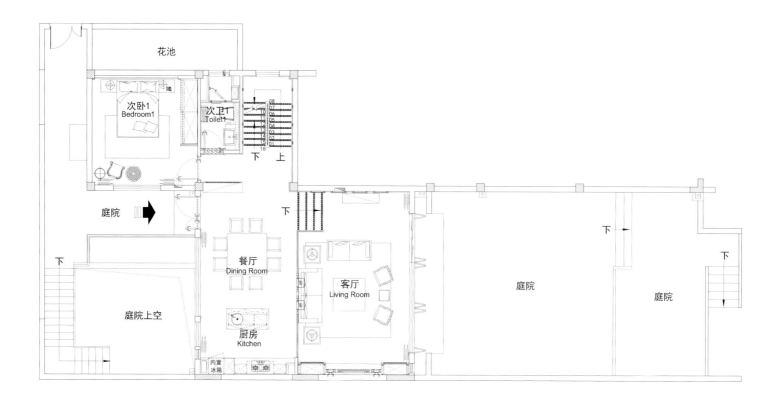

花池

次卧1
Bedroom1

次卫1
Toilet1

下　上

庭院

下

下

餐厅
Dining Room

客厅
Living Room

庭院

庭院

庭院上空

厨房
Kitchen

内置
冰箱

下

下

下

一层平面图

参评机构名/设计师名：
郑树芬 Simon Chong
简介：
郑树芬设计事务所被评为"中国酒店最具发展潜力设计机构"，郑树芬设计事务所被评为"中国酒店最佳总统套房设计特金奖"，郑树芬设计事务所被评为"中国最佳卫浴空间优秀奖"，郑树芬先生被评为"中国酒店原创设计师白金奖"。

香港贝沙湾
Bel-Air, Pokfulam

A 项目定位 Design Proposition
香港高端名牌物业，商业中心区、闹中取静。

B 环境风格 Creativity & Aesthetics
简约风格，由于业主偶尔过来居住，因此在设计上有些手法非常简单，便于打理，但却非常舒适。

C 空间布局 Space Planning
客厅、房间以及书房等不同角度都能看到维多利亚海港。

D 设计选材 Materials & Cost Effectiveness
大多数采用了国际顶级名牌家私。

E 使用效果 Fidelity to Client
由于各个角度都能看海，且设计独特，据了解后续已升值数倍，且被不少上层名流看中想要购买。

项目名称_香港贝沙湾
主案设计_郑树芬
项目地点_香港
项目面积_400平方米
投资金额_5000万元

参评机构名/设计师名：
管杰 Gary
简介：
毕业于南京艺术学院设计分院，进修于中央工艺美院环境艺术系。
2007-2009博洛尼旗舰装饰装修工程（北京）有限公司钛马赫设计师，
2010-至今杭州博洛尼装饰工程有限公司设计总监（"钛马赫"机构豪宅项目主案设计专注于杭州顶级豪宅设计）。

欣盛：东方润园
Xinsheng-DongFangRunYuan

A 项目定位 Design Proposition
在现代忙碌的城市中打造一处让人放松的环境。

B 环境风格 Creativity & Aesthetics
运用不同材质的共同光质碰撞，通过灯光的柔性婉约融合总体大空间。

C 空间布局 Space Planning
满足不同主人在不同时间段的不同生活方式的使用。

D 设计选材 Materials & Cost Effectiveness
利用钢琴漆的深灰蓝在总体空间的穿插，衬托灰木纹的优雅。

E 使用效果 Fidelity to Client
业主非常满意，从大量的新古典中脱俗。

项目名称_欣盛：东方润园
主案设计_管杰
项目地点_浙江杭州市
项目面积_230平方米
投资金额_150万元

参评机构名/设计师名:
郦波 Li Bo
简介:
从2008年起，赢得包括香港APIDA、德国红点、德国IF CHINA、英国FX、最成功设计奖、美国SPARK、香港设计师协会环球设计奖等近五十项亚太及国际奖项，2010、2012、2013年三度被素有室内设计奥斯卡之称的

Andrew Martin International Interior Design Awards选为全球顶尖设计师之一，其设计范畴主要包括房地产相关项目（会所、销售中心、示范单位等），私人大宅，会所，设计酒店及办公的设计，并同时为客户提供平面、产品及建筑外观设计。

赛格景苑私宅
SaiGeJingYuan Apartment

A 项目定位 Design Proposition
对于一个城市老建筑的合理优化再利用，提供了多一个角度的参考。

B 环境风格 Creativity & Aesthetics
用简约的造型、戏剧性的图案表现，模糊了人们固有的空间分割的观念，强调空间的光线层次和互动的关系。

C 空间布局 Space Planning
巧妙地找到两条对称的主轴线，合理地划分出动与静、公共与私密的关系，通过架设天桥打破了原有空间的沉闷。

D 设计选材 Materials & Cost Effectiveness
黑白图案的线型墙纸的大胆应用，使得狭小空间的视线和气流得以无限延伸和扩张。

E 使用效果 Fidelity to Client
业主很满意，也很实用，很方便。

项目名称_赛格景苑私宅
主案设计_郦波
项目地点_广东深圳市
项目面积_150平方米
投资金额_115万元

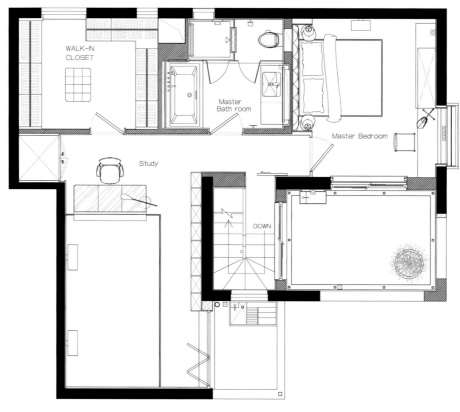

一层平面图

参评机构名/设计师名：
李敏堃 Li Minkun
简介：
中国室内装饰协会会员、中国建筑装饰协会会员、中国建筑学会室内设计分会委员、广州市尚美设计装饰有限公司总设计师中国十大设计师、国际室内建筑/设计师团体联盟（IFI）资格会员、中国建筑学会室内设计分会（CIID）

全国百名优秀室内建筑师。从事室内环境设计艺术近30年，1994年创立尚美设计公司，致力新中式住宅别墅设计并将当代东方人文精神融入室内设计。作品体现了中国的写意精神，在国际国内的设计大赛屡获殊荣，创作出具有中国特色的高品位中式环境空间，并提升到了一个新水平。

简约大宅
Simple house

A 项目定位 Design Proposition
作品对业主居住需求、生活价值的独特挖掘角度：业主是一个艺术爱好者，他对该公寓的室内设计要求是既能够在这个私人的艺术空间里工作、学习、生活；同时又能够作为接待朋友或开一些小型展览及举办一些思想沙龙的活动场所；一切都要简洁大方，自然而然。

B 环境风格 Creativity & Aesthetics
设计师希望室内设计与周边环境和谐共存，将室外阳台水景纳入室内；将天台梯间用玻璃屋设计采纳明媚的阳光；将街外景色远山轮廓纳入视野，和谐共存，相互共融，令外界自然环境与生活空间相结合，让人能够越发亲切。

C 空间布局 Space Planning
该项目没有过多的华丽装饰与设计炫技，而是更注重以简洁的线条和明亮的色块来进行空间组合与区分，空间的简洁直接与功能对接，不仅贴近自然，还展现出宁静致远的空间感受。

D 设计选材 Materials & Cost Effectiveness
整个公寓空间反复强调黑白灰三种颜色的体面对比；并与原木家具饰品互相点缀衬托，大厅水景是用有着原始味的石片拼凑，重叠的目的是打造内外一体的自然感，卧室地板则使用木地板，以温暖的色调缔造出柔和的休息空间。

E 使用效果 Fidelity to Client
该作品完成后旋即被住建部中国建筑文化中心编入中华建设名家邮票专辑全国出版发行；并被誉为："其专业领域的翘楚地位，和对岭南建筑文化的传承和发扬起到很好的典型示范和引领作用。"

项目名称_简约大宅
主案设计_李敏堃
项目地点_广东广州市
项目面积_500平方米
投资金额_200万元

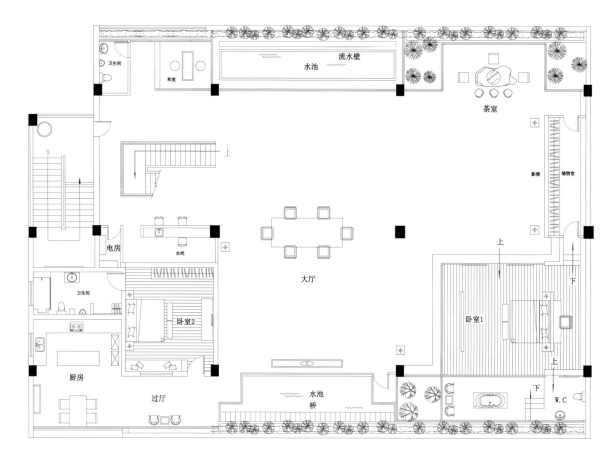

卫生间　和室　流水壁　水池　茶室

影楼　储物室

电房　水吧　大厅　上　下

卫生间　卧室2　卧室1　上　下

厨房　过厅　水池　桥　W.C　上　下

平面图

参评机构名/设计师名：
吴放 Wu Fang
简介：
1995年毕业于重庆建筑大学建筑学专业，建筑学学士。2001年获得全国注册建筑师资格证书，2008年加入中国建筑装饰协会，2009年获得中国装饰协会高级室内建筑师资格证书。1998年从事室内设计行业至今。

主要从事住宅、样板间、售楼部、会所及餐饮空间方面的室内设计工作。

成都沙河新城住宅
Chengdu ShaHe New Town Apartment

A 项目定位 Design Proposition

本案是一个面积约130平方米的平层小住宅项目。男主人是一位30岁的青年设计师。由于是实际居住项目，在功能布局上没有象样板间那样过于追求设计的概念化，而是尽量尊重主人的个人生活习惯及实用性要求。

B 环境风格 Creativity & Aesthetics

立面设计上，如何将传统元素融入到现代设计手法当中，是本案的一个设计重点。

C 空间布局 Space Planning

以后现代风格为主基调，采用简洁明快的手法对原有结构空间的梁柱墙进行适当弱化或强调，尽可能保持原建筑的空间结构美感，充分把原有结构的梁、柱、错层结构及墙体的交错关系作为装饰设计的元素。

D 设计选材 Materials & Cost Effectiveness

本案的一个重要特征就是在装饰材料的使用上，对最为传统的材料"砖"用现代的语言进行了新的演绎：砖本身所呈现出来的那种传统与粗犷感得以保留，但通过"无缝砌筑"又让它显得如此时尚、精致、细腻。当它与不锈钢、镜面玻璃等现代材料一起呈现的时候，似乎也是一种与时间的对话，是对过往的追忆，亦也是对新生活的向往。

E 使用效果 Fidelity to Client

通过对原有空间的合理规划，使之有了更好的使用效率，在有限的面积内完成的业主对居家生活各个方面的诉求。在风格设计上，时尚且具有文化内涵的设计思路，让业主对"家"有了新的定义，让他真实的感受到了小小的住宅一样可以营造一种高品质的生活方式。

项目名称_成都沙河新城住宅
主案设计_吴放
项目地点_四川成都市
项目面积_130平方米
投资金额_50万元

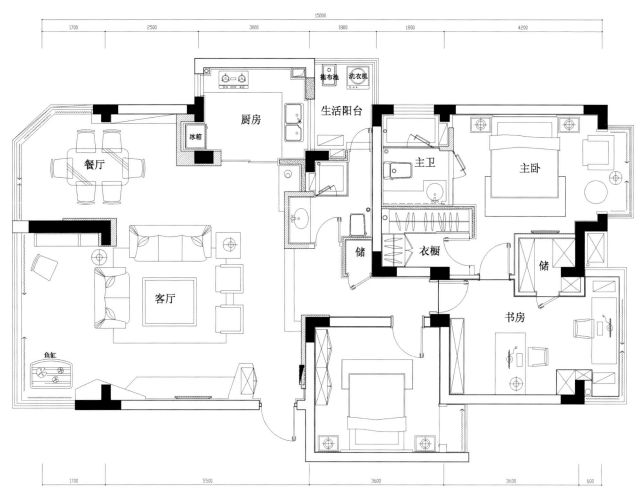

15000

1700　2500　3000　1800　1890　4200

厨房

生活阳台

晾布池　洗衣机

冰箱

餐厅

主卫

主卧

客厅

储

衣橱

储

鱼缸

书房

1700　5500　3600　3600　600

一层平面图

参评机构名／设计师名：
夏伟 Xai Wei
简介：
体现居者空间文化的品味与气质，让居者享其乐。

墨香
Dark Story

A 项目定位 Design Proposition

全世界都在流行中国风，本案以现代城市休闲风为基调，将多种材质结合在一起，融入中式元素与符号，以舒适时尚的设计手法表达着脱俗、清雅，充满静谧柔和之美，体现居住主人对空间文化的独特品味和气质。

B 环境风格 Creativity & Aesthetics

做时尚优雅的中式风格！

C 空间布局 Space Planning

改变了原有建筑结构的分部，在空间整体、储藏、和采光通风性上大大增强。

D 设计选材 Materials & Cost Effectiveness

地毯砖，竹纹板在案例上首次使用，得到了不错的效果！

E 使用效果 Fidelity to Client

得到了各大网友和专业网站，报纸读者的喜爱！

项目名称_墨香
主案设计_夏伟
项目地点_浙江杭州市
项目面积_120平方米
投资金额_35万元

参评机构名/设计师名：
吴一 Wu Yi
简介：
2003毕业于太原科技大学装饰艺术设计专业，
2003年-2005年东易日盛太原公司D1工作室主
案设计师，
2005-2007年吴一设计工作室设计总监，
2007-2009年轻舟装饰太原公司首席设计师，

2009年至今元洲装饰太原公司首席设计师。

夏未去秋悄来的周末
Apartment Design

A 项目定位 Design Proposition
在高楼大厦林立的都市，又有谁不向往恬静自然的环境。三两一伙或在郊外的草地围坐在一起谈笑风生，
或在静静的湖边享受着美味佳肴，生活本应该如此的享受。

B 环境风格 Creativity & Aesthetics
提取大自然丛林湿地的元素，加以现代科技的手法，融合一份简练的现代自然风。

C 空间布局 Space Planning
改变浪费的面积为有效的实用收纳空间，时隐时现的房间增加了居住乐趣，高低错落的地平面正好迎合了
大自然的情趣。

D 设计选材 Materials & Cost Effectiveness
环保的澳松板一样可以达到完美的装饰效果，而且是那么的亲近，舒适的地毯悬挂在墙面既可吸音降噪又
舒缓了心灵。

E 使用效果 Fidelity to Client
贴近自然，舒适惬意，高创意设计，低成本制作。

项目名称_夏未去秋悄来的周末
主案设计_吴一
项目地点_山西太原市
项目面积_150平方米
投资金额_40万元

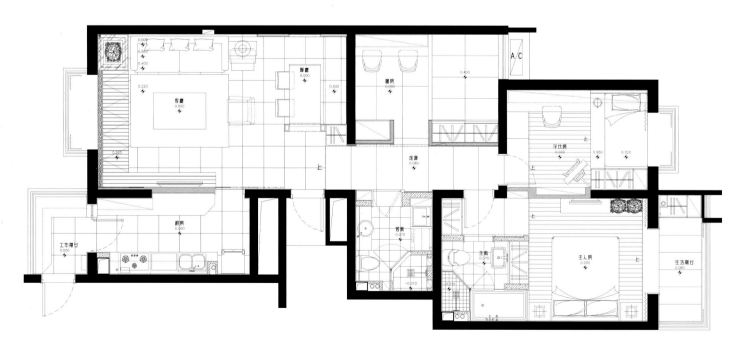

平面图

参评机构名／设计师名：
常熟市张之鸿室内设计工作室/
Zhangzhihong Design Studio

简介：
张之鸿美式/西式住宅设计事务所由张之鸿先生于2007年11月创立。公司以空间设计策划、专业施工、后期软装服务为主要的业务。

所获奖项：2006年全国设计大奖赛优胜奖；

2008年"亚太"优秀奖；2008年"利威杯"最佳效果奖获得者；2011年"亨特窗饰杯"首届全国软装TOP设计奖；2011年"搜狐德意杯"第八届中国室内设计明星大赛实景户型组铜奖；2011年"照明周刊杯"中国照明应用设计大赛江苏赛区优胜奖；2013年"常熟市"五星品牌奖。

代表作品：胜高怡景湾别墅、宝辰湖庄别墅、

长甲尚湖山庄别墅、长甲虞景山庄别墅、城市花园公寓、中冶虞山尚园公寓等。

城市花园：气质法式乡村
City Garden (Temperamental French Style Village)

A 项目定位 Design Proposition
作品体现了西方传统文化的优良建筑比例，经典又不失时尚，包含了西方的文化底蕴。

B 环境风格 Creativity & Aesthetics
严格按照西方古典建筑设计比例来制作室内细节，极力营造法式乡村的精神领域。

C 空间布局 Space Planning
根据业主的生活习惯，在140平方米的空间里做成了中西双厨，西厨和餐厅、客厅在细节上没有明显的隔阂，让空间看起来更大，每个房间都设置了单独的衣帽间。

D 设计选材 Materials & Cost Effectiveness
没有过多的装饰，墙面用环保涂料为主，地面采用实木复合地暖地板。

E 使用效果 Fidelity to Client
很多客户都比较喜欢这个案例。

项目名称_城市花园：气质法式乡村
主案设计_张之鸿
项目地点_江苏苏州市
项目面积_140平方米
投资金额_65万元

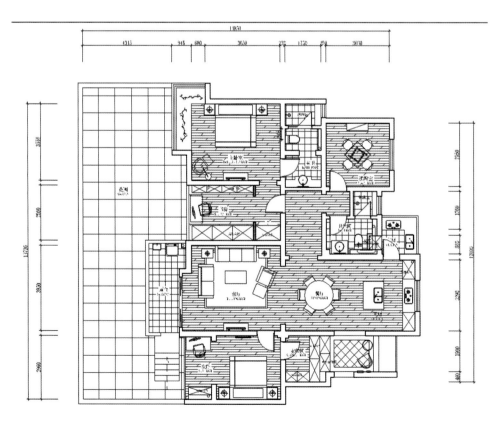

平面图

参评机构名/设计师名：
近境制作设计有限公司/
DESIGN APARTMENT
简介：
近境制作所推出系列的设计作品，自然、清晰，空间中一种隐藏着的轴线关系，创造出和谐的比例。另外，对于可靠材料的真实表现，结合着细部的处理，这个谨慎态度始终支配着

我们，对于品质的要求，我们深具信心。近境制作的设计中，充满着对生活中得幽默，强调自然、清晰的原始设计，代表了未来空间的发展方向，年轻、活力、亚洲，我们所做过最好的设计，那就是我们创造明天。

设计之外
What you see is not design，but life.

A 项目定位 Design Proposition
经过多年的设计积累，尝试着各种不同的方式，表达出心中的想法，承载着业主的期盼。

B 环境风格 Creativity & Aesthetics
在此，我们有了这个机会，体验了一段不同的设计感想，十字轴线的空间排序化解了基地中央立柱的格局问题，将空间从复杂的结构配置简化统整为五个单纯的区块。

C 空间布局 Space Planning
由此发展组合出业主生活的面貌，空间中置入的内庭区域是设计中另一个重要的部份，刻意的退缩。

D 设计选材 Materials & Cost Effectiveness
导入了光线和空气，留下了生活的场景，引入的室外绿景成为空间中难得的调节，渗入生活的肌理定义出生活与空间的对应关系，设计之外，在经过设计的纯粹后留下来的应该是生活的面貌了。

E 使用效果 Fidelity to Client
设计之外，是生活片刻的累积，设计之外，是俯拾即是的自然绿意，设计之外，是人生知识的堆砌收藏，设计之外，是艺术音乐的体会感动，设计之外，就应该是生活了。

项目名称_设计之外
主案设计_唐忠汉
参与设计师_唐忠汉
项目地点_台湾台北市
项目面积_413平方米
投资金额_2200万元

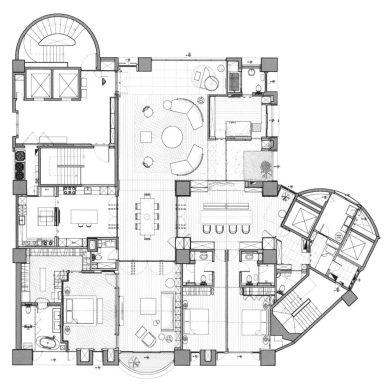

平面图

重庆黎香湖别墅
Lake Blossom Villa

帐卧袷衣夏黄昏
Lying down clothing summer evening

天津 玫 瑰 湾
Tianjin Rose Bay

让时 间 放 慢 脚 步
Let Time Slow Down

马柯艺术工作室
Ma Ke Art Studio

湖中 的 香 榭 丽 舍
Champs Elysees In Lake

东情 西 韵
East West Rhymes

清华坊青欣阁
Qingxin Mansion in
Qinghuafang Community

品悦方圆－深圳卓越维港联排别墅
Attitudes On Tradition

弘梧岳
Hong · Wu Yue

花园 老 洋 房
Joe Tatelbaum

春晚 珠 箔 飘 灯 归
Villa

龙之宅
Dragon's House

摩登 中 国
Modern China

欧式乡村：苏州太湖天阙
European Style Village-
Suzhou TaiHu Thani

静境
Silence Space

野鸭湖度假别墅
Yeyahu Resort Villa

美式新古典的清雅新生
SPRING

轻人 文 古 典
Elegant Personality

上虞 严 公 馆
ShangYu Yan Mansion

参评机构名/设计师名:
水平线室内设计有限公司/
Horizontal Space Design
简介:
HSD水平线空间设计有限公司是中国当代设计的代表之一,拥有多名优秀的年轻设计师的国际化团队。自2003年成立至今,HSD始终秉承创新精神,使我们在建筑设计、室内设计、景观设计、产品设计等领域成爲开拓者,竭力爲业主提出设计与工程方面的最佳解决方案。在设计中,HSD善于发掘传统文化中的可能性,赋予每个设计以鲜明的个性和旺盛的生命力。我们秉承对东方传统文化、艺术、与哲学等方面的提取和运用,配合数字化分析工具和国际先锋的设计方法,致力于真正属于中国的现代巅峰设计。

重庆黎香湖别墅
Lake Blossom Villa

A 项目定位 Design Proposition

黎香湖别墅位于重庆黎香湖万亩国际休闲养生区,是休闲度假的居住之所。陶潜笔下的桃花源一直是中国古代文人追求的理想隐居处所,而随着社会的快速发展,奢华的物化取代了人们的精神世界追求。该项目位于黎香湖这样一个现代桃源。我们用回归自然的东方美学表达其沉潜而温润的空间气质,以东方当代的度假生活为设计引导,形成扎根传统的共识,让人们在快节奏的生活中也能找到一分隐在湖边,归在田园的宁静。

B 环境风格 Creativity & Aesthetics

设计中把宋代文化意境作为我们设计的灵魂,以"重回经典,回归传统"为方向,将自然的意境与当下的生活方式结合,将文化精髓元素融入生活,形成静谧悠然的心境和多元与复杂并存的"集古"气质。

C 空间布局 Space Planning

设计者对空间复杂性的解读和对空间多元设计的探索,不是简单的符号堆叠,而是从传统文化中提取精神元素,通过高科技、高技术的手法,将东西方元素融合在一起,以强烈的现代气息引发人们共鸣,营造一种大隐于市的世外桃源意境。

D 设计选材 Materials & Cost Effectiveness

空间中适用了一系列中国气质之美的材质:枯山水的禅意、木质的典雅、石质与金属线条大量运用于细节的勾勒处,在视觉上形成连贯的引导符号,也悄然流露出东方人的细腻与严谨。

E 使用效果 Fidelity to Client

满意度高。

项目名称_重庆黎香湖别墅
主案设计_琚宾
参与设计师_姜晓林、闵耀、曲云龙
项目地点_重庆
项目面积_650平方米
投资金额_420万元

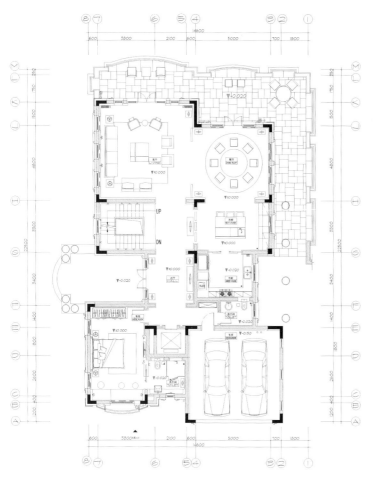

一层平面图

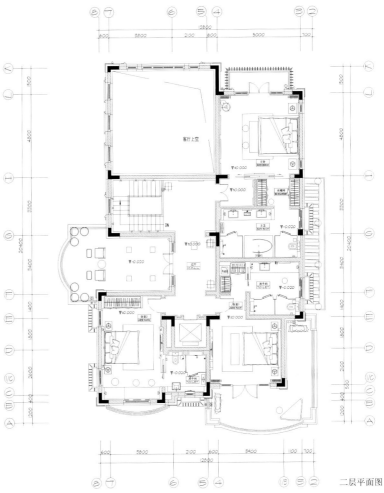

二层平面图

参评机构名/设计师名:
萧爱华 Xiao Aihua
简介:
2002年获得全国第四届室内设计大展金、银、铜奖,2005年获得上海第四届建筑室内设计大奖赛金、银、铜奖,2008获得亚太室内设计双年大奖赛优秀作品奖,2008年摄影"宁静港湾"获亚太地区"感动世界"中国区金奖,

2006年获得上海第二届"十大优秀青年设计师"提名,2007年获得全国杰出中青年室内建筑师称号,2007年获得中国十大样板房设计师50强,2008年获得全国设计师网络推广传媒奖,2009年获得SOHU"2009设计师网络传媒年度优秀博客奖",2009年获得"中国十大样板间设计师最佳网络人气奖",2009年获得华润杯中国建筑设计师摄影大赛最佳建筑表

现奖,2010年获得全国杰出设计师称号,出版"时尚米兰"最新国际室内设计流行趋势出版"精妙欧洲"遭遇美丽建筑游记出版"没有历史的西方"再见美国建筑游记出版"雕刻时光"萧氏设计作品集出版《阳光萧氏-居住空间》《阳光萧氏-商业空间》出版《现代金箔艺术》出版《花样米兰》。

怅卧袷衣夏黄昏
Oriental Villa

A 项目定位 Design Proposition
本案延续建筑设计风格以及当代东方生活形态与时代形式的探索,将东方空间精神注入过于西化的空间的主流思考中,以谋划一种当代华人独有的生活样貌。

B 环境风格 Creativity & Aesthetics
历史得以传承,中国的琴棋书画总是那么惬意唯美,一张纸两点墨简单的组合却能表达人们最细腻的情感,洁白的纸上蕴染着豪放的泼墨与纤细的白描,藏有文化人的万千情怀与东方人的审美情趣完美结合在一起。

C 空间布局 Space Planning
本案以琴棋书画为主题探讨东方现代的生活方式,既有传承又有发扬,即内敛含蓄又不失浪漫的意境。

D 设计选材 Materials & Cost Effectiveness
本案首先将原有的建筑空间优化,务求让空间张弛有度,再以素雅的暖色调为主,同色系的材质相互穿插,既有对比又很协调。

E 使用效果 Fidelity to Client
现代设计手法的灵活运用将某些传统的装饰符号重新铺排,让其体现东方现代的文化底蕴,也更贴近当代东方人的审美情趣,整套方案注重风格与建筑的延续性,装饰朴素雅致,构成文人居士理想的生活空间。

项目名称_怅卧袷衣夏黄昏
主案设计_萧爱华
项目地点_江苏苏州市
项目面积_250平方米
投资金额_1000万元

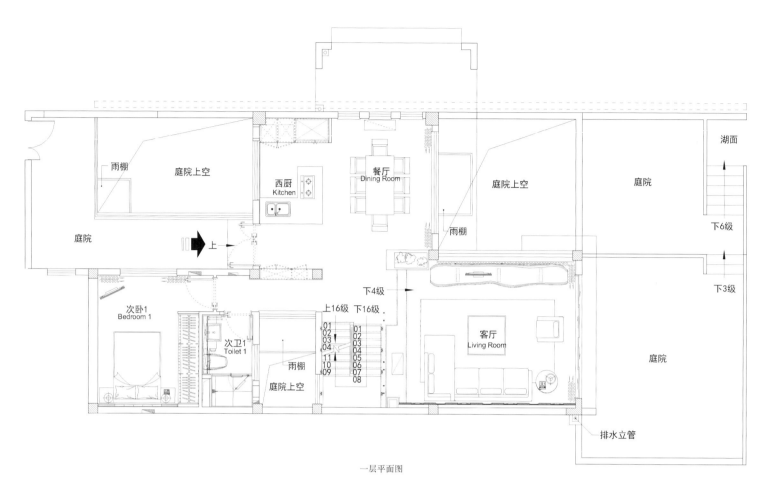

雨棚　　庭院上空
西厨
Kitchen
餐厅
Dining Room
庭院上空
湖面
庭院
下6级

庭院

雨棚

下3级

上

次卧1
Bedroom 1

次卫1
Toilet 1

雨棚
庭院上空

下4级

上16级　下16级

客厅
Living Room

庭院

排水立管

01 02 03 04 11 10 09

01 02 03 04 05 06 07 08

一层平面图

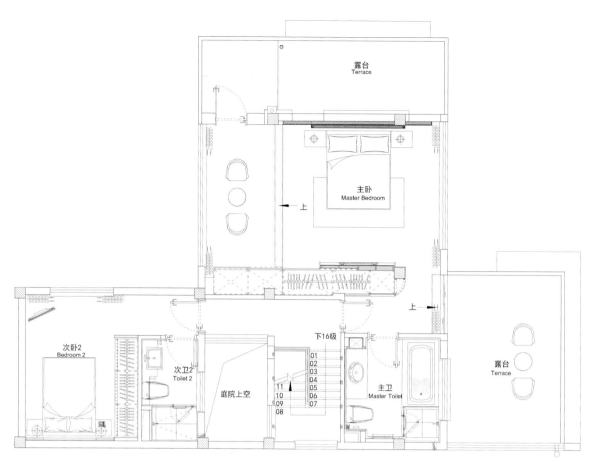

露台
Terrace

主卧
Master Bedroom

上

次卧2
Bedroom 2

次卫2
Toilet 2

庭院上空

下16级

01
02
03
04
05
06
07
08

11
10
09

主卫
Master Toilet

上

露台
Terrace

二层平面图

参评机构名／设计师名：
吴巍 William

简介：
2012年"全国美化家具大奖赛"优秀奖，2011年"可持续舒适空间亚太室内设计精英邀请赛"杰出设计奖，2011年"搜狐德意杯第八届中国室内设计明星大赛"银奖，2010年"全国美化家居大赛"一等奖，2010年"时尚家居十大明星室内设计师"，2010年"中国国际空间环境艺术设计大赛筑巢奖"优秀奖，2010年"室内设计明星大赛全国实景大户型组"银奖，2009年"全国美化家居大奖赛"三等奖，2008年"家装设计全民网络评选大赛"（绿色类）银奖，2008年"产品设计精英大赛"一等奖，2007年"全国美化家居大奖赛"三等奖，《瑞丽家居》、《时尚家居》、《家饰》杂志特约撰稿人，BT7、旅游卫视等特约嘉宾设计师。

天津玫瑰湾
Tianjin Rose Bay

A 项目定位 Design Proposition
不脱离城市的现代气息，同时与城郊自然更为亲近。

B 环境风格 Creativity & Aesthetics
结合古典与现代的装饰元素，将整个空间打造得大气、舒适又不雅致。

C 空间布局 Space Planning
动静区的灵活过度，局部颜色的点缀和对比，曲直流线的完美结合。

D 设计选材 Materials & Cost Effectiveness
半透明材质的多处运用，与自然花卉造型的结合，使得空间现代气息十足且不失围和感。

E 使用效果 Fidelity to Client
业主自身觉得很舒适又不失身份，且得到来访者们的好评，也有近处业主们前往参观、参考。

项目名称_天津玫瑰湾
主案设计_吴巍
项目地点_天津
项目面积_450平方米
投资金额_450万元

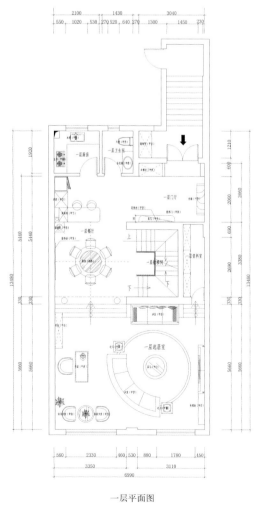

一层平面图

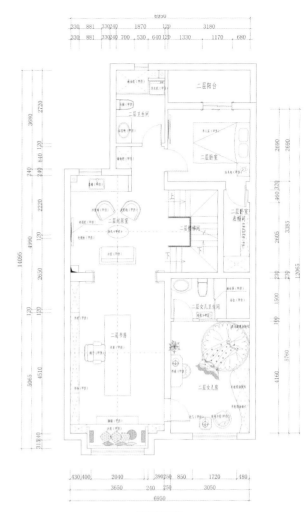

二层平面图

参评机构名／设计师名：
朱林海 Zhu Linhai
简介：
2000年创建林海工作室，2000年"融侨花园东区杯"设计大赛二等奖，2005、2006年福建海峡两岸三地设计大赛优秀奖，2009年中国室内空间环境艺术设计大赛优秀奖，2010年加盟大成香港设计。

让时间放慢脚步
Let Time Slow Down

A 项目定位 Design Proposition
从为业主打造一个浮躁都市的心灵栖息地为出发点。身在都市却能感受到一份身心的放松，把人与自然紧紧捆绑在一起。

B 环境风格 Creativity & Aesthetics
融合东方的禅境与西方的舒适性为一体，打造一个放松的空间。

C 空间布局 Space Planning
通过大量的留白和精致的装饰，多处的借景和大小空间的对比，塑造一个极具变化的空间。

D 设计选材 Materials & Cost Effectiveness
通过大量的天然材料的运用，体现质朴、环保的设计理念。

E 使用效果 Fidelity to Client
让业主和许多的观摩者有一种放松的感觉，在这个空间里，似乎时间放慢了脚步，浮躁的心得到一丝抚慰。

项目名称_让时间放慢脚步
主案设计_朱林海
项目地点_福建福州市
项目面积_700平方米
投资金额_800万元

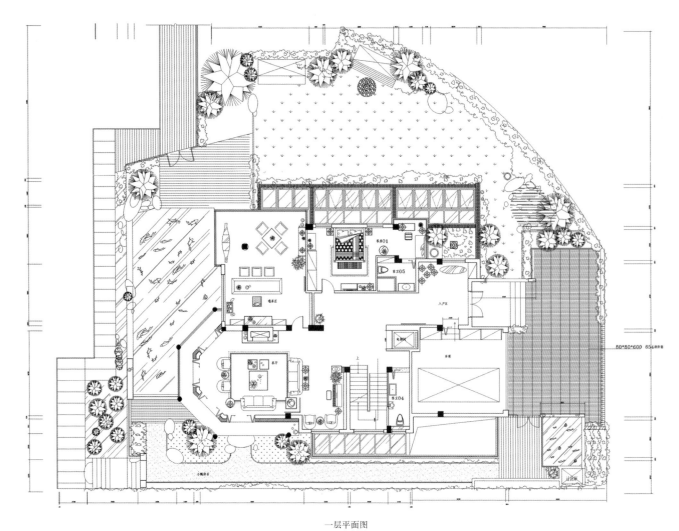

一层平面图

参评机构名／设计师名：
马安平 Ma Anping
简介：
1993年，室内环境设计参加"全国室内设计艺术布置竞赛"，获得银奖。1999年，在广告世界第五期杂志发表论文"名人广告谈"。2000年至2005年先后主持"长安医院"环境景观、"西安小寨百盛商厦"、"皇城宾馆客房"、北京国佳精英商务会馆等大型室内外设计工作其设计方案已实施。2004年，为西安高新区设计"NEW"三维立体广告。"澳大利亚羊毛脂电视广告、邮票式造型户外广告被收编到陕西人民教育出版社的"广告实务"一书中作为案例。2008年9月，西安市纪念改革开放30周年活动——广告行业最佳创业广告人。2012年11月，"马柯艺术家餐厅"荣获陕西省第七届室内装饰设计大赛公共空间实例奖类金奖。2012年11月，"新长安会所"荣获陕西省第七届室内装饰设计大赛公共空间实例类佳作奖。2012年9月，在"域—中国室内设计年鉴上"上发表设计作品"马柯艺术家餐厅"及文章一篇。2012年12月，"在现代装饰"发表设计作品"新长安会所"及文章一篇。2013年1月，在"室内设计与装修id+c"发表设计作品以及及名为"在艺术中食指大动"文章一篇。

马柯艺术工作室
Ma Ke Art Studio

A 项目定位 Design Proposition
该项目坐落于西安秦岭北麓山坡上，主人是一位高校教授美术的油画家，北面山体的自然景观及落地窗正好是原建筑的一大特色。

B 环境风格 Creativity & Aesthetics
设计师在设计创作中，尽量保持该建筑的视觉通透性，在饰品的选择上采用了关中具有一定历史和收藏价值的石狮子，在视觉上营造了一种同西式家具既冲突又和谐的视觉冲击力，一种中西文化并融的视觉美感。

C 空间布局 Space Planning
为了满足主人绘画空间的工作需求，而将客厅设计成了画室、书房、会客三个空间的统一布局，从而使该项目自竣工后所显现的风格颇为独特，气质亲切、质朴、空间灵动，墙面上悬挂的大镜子，在既满足绘画功能需求外，也使室内空间效果得以延伸，并将落地窗外的自然景色收入室内，室内外相互借景，并与自然融为一体。

D 设计选材 Materials & Cost Effectiveness
特别强调能与自然相贴近的饰面材料以及与山体相融的质感效果，在吊顶上立足保持原建筑的结构，只做了局部能够消除原先大梁造成的压抑感的石膏板，乳胶漆饰面处理，并在顶面上开了一个天窗，从而满足画室的功能性，地面铺装上选择了国产手工釉面陶砖，窗套等饰面选择无漆面的木质自然本色材质，甚至主、客卧室地面的木地板家具等均采用无漆面处理，充分体现材料的原质感，家具式样选择简欧的新古典主义款式，卫生间选用质感粗犷的石材材质。

项目名称_马柯艺术工作室
主案设计_马安平
项目地点_陕西西安市
项目面积_500平方米
投资金额_300万元

E 使用效果 Fidelity to Client
业主希望拥有自由、质朴并能与秦岭自然风光相融为一体的空间气质，同时也能满足主人作画的空间需求。

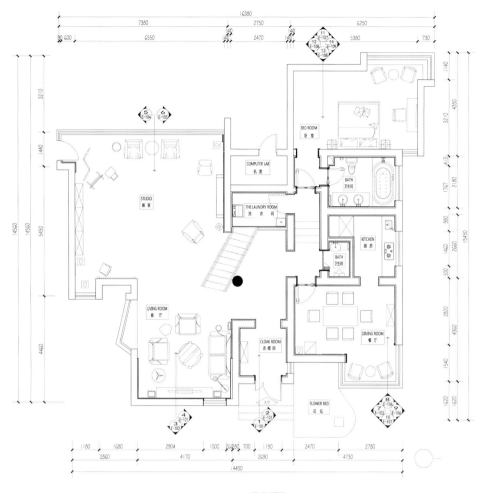

一层平面图

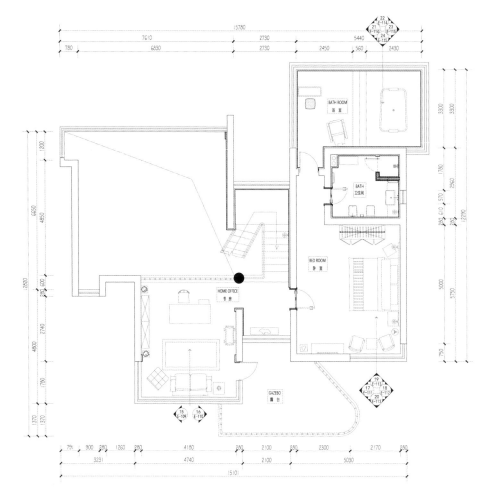

二层平面图

参评机构名／设计师名：
陈熠 Chen Yi
简介：
毕业于南京艺术学院（环境艺术专业），进修
于浙江中国美术学院室内设计，中国建筑装饰
协会高级室内建筑师，中国建筑装饰协会高级
住宅室内设计师，中国建筑装饰协会陈设设计
师，中国建筑装饰协会软装设计师，10年以上
家装设计工作经验。

湖中的香榭丽舍
Champs Elysees In Lake

A 项目定位 Design Proposition

依山傍水的优越地理环境，为本作品的营造出浓厚的度假情趣，业主也喜欢经常在家宴请宾客。因此本作品结合得天独厚的环境，将室内设计部分巧妙地与周围环境相结合，为业主营造出美式乡村的度假别墅。

B 环境风格 Creativity & Aesthetics

本作品中的美式乡村风格可谓是集中了美式乡村风格的所有特点，无论是室内的哪个角落，都能体会到浓浓的美式乡村风情，例如壁炉旁怀旧的唱片机，哑口的独特造型等等。而本案中硬装部分的环境营造中做旧的部分并不是特别多，之前在与业主的沟通中了解到业主有自己的一些古董收藏，将大自然的气息引入室内，再增添美式风格里精致的部分。

C 空间布局 Space Planning

由于业主经常在此宴请宾客，此地理位置又是依山傍水，所以每个空间都保留最大的采光通风条件，另外每个空间布局都有能让众人一起交谈沟通的理由。例如半敞开的厨房中央的岛台设计。

D 设计选材 Materials & Cost Effectiveness

由于美式乡村风格木质的厚重与仿古砖的做旧都会让人觉得环境颇为古老，因此在局部的材质选取上，打破了一贯美式乡村风格的用材，反而让人觉得耳目一新。例如客厅壁炉选用高光大理石铺贴，客厅与替他地方的错层关系选用铁艺的立柱而非木质。

E 使用效果 Fidelity to Client

本作品在施工的中后期就已经展现出效果，而后期在家具的选择上也是听取设计师的意见，客厅的沙发没有选择全木质的而是选用高品质的皮质沙发。整体有古典雅致，也有时尚品味。

项目名称_湖中的香榭丽舍
主案设计_陈熠
项目地点_安徽马鞍山市
项目面积_500平方米
投资金额_200万元

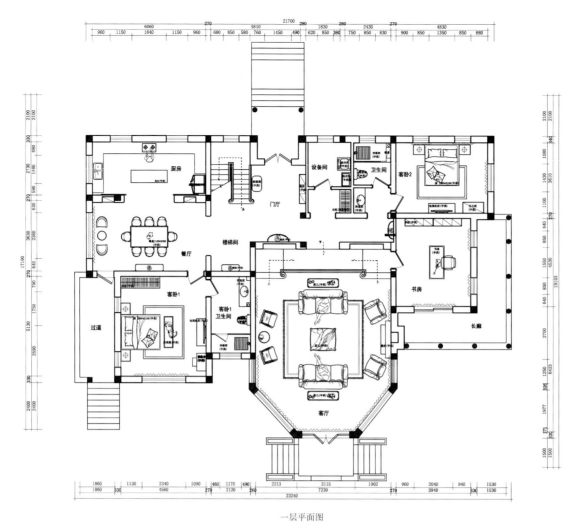

一层平面图

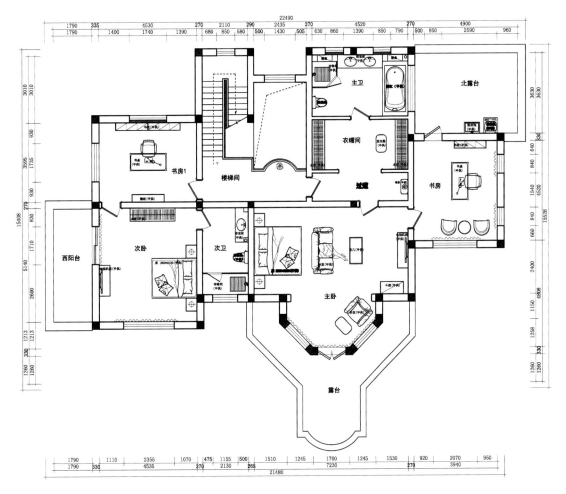

二层平面图

参评机构名／设计师名：
杨克鹏 Yang Kepeng
简介：
北京雕琢空间室内设计工作室创办人、总设计师，国家注册高级住宅室内设计师。

东情西韵
East West Rhymes

A 项目定位 Design Proposition
现在的世界是一个开放的世界，世界各国文化相互渗透，交融，本案设计的出发点也是如此，在一个居住空间里实现了多元文化的交融。

B 环境风格 Creativity & Aesthetics
通过与业主的深入沟通，挖掘业主内心深处的真实需求，用现代表现手法，在一个空间里融合了中国东方文化，美式文化，印尼文化，地中海文化，实现多元文化的有机交融。

C 空间布局 Space Planning
打破原有建筑结构的束缚，按照现代人的生活方式和居住习惯来布置平面，让居住空间更舒适，更人性化！

D 设计选材 Materials & Cost Effectiveness
挑选带有浓烈地域文化特点的材料，再搭配上大自然中的卵石、干竹来烘托空间的整体气氛。

E 使用效果 Fidelity to Client
用业主的话说：来到这个房子，就不想回原来的房子了……

项目名称_东情西韵
主案设计_杨克鹏
项目地点_北京
项目面积_328平方米
投资金额_80万元

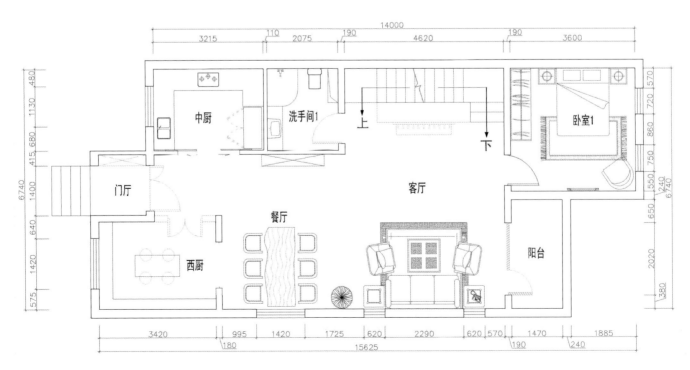

一层平面图

参评机构名/设计师名：
广州市思哲设计院有限公司/
Guangzhou Seer Design Institute Co.,Ltd.
简介：
创建于1988年3月5日，是中国首个私营专业室内设计机构。目前拥有建筑装饰专项工程设计甲级、照明工程设计专项乙级、风景园林工程设计专项乙级资质，而且通过了ISO质量管

理体系认证。设计的项目类型涵盖酒店宾馆、餐饮娱乐、商业展示、商务办公、楼盘华宅、影视演艺、城市改造、园林景观、灯光照明等。我们的设计工作涉足全国29个省、自治区、直辖市及特区，作品遍布60多个城市，还开辟了境外业务，在帕劳共和国及迪拜、比利时均有作品。二十五年来，我们已完成设计作品上千个，项目获奖无数。2008年，我司

更被美国INTERIOR DESIGN中文版评为"中国规模最大的室内设计企业十强"及"中国最具发展潜力的室内设计企业十强"，成为国内知名的设计行业品牌。公司现有员工150多人，我们一直坚持以完美产品、智慧的思想作为我们努力的目标，以高水平作为我们工作的方向。在往后的日子，"思哲人"将秉承"思有道、哲无界，做有思想的设计"这一设计理念，不断自勉，努力提升我们的设计水平和服务水准，以求能够为客户创作更多、更优秀的作品！

清华坊青欣阁
Qingxin Mansion in Qinghuafang Community

A 项目定位 Design Proposition
一座别具一格的中国现代院落式民居别墅，它总体来说属于皖南派民居建筑，但是又融入一些现代的风格，独具特色。

B 环境风格 Creativity & Aesthetics
置身其中，我们能感受到主人对东方文化的热忱和执着。中式风格的家居设计讲究古朴、华美、内敛、沉稳，因此比较注重雕刻，喜欢用精美、复杂的图案来装饰整个空间，此案中的中式风格装修设计，就是在中式风格的基础上加入了些许现代化的元素，让整个家居看上去不再那么单调。

C 空间布局 Space Planning
大开间、极富空间感。错层的设计，更令空间感倍增。

D 设计选材 Materials & Cost Effectiveness
延续青砖、灰墙、黛瓦的前庭后院，将大量的古建材料融入宅院本身。

E 使用效果 Fidelity to Client
通过整体的装饰去极力还原这种我们正在失去的生活韵味，让我们的优居生活更加饱满。

项目名称_清华坊青欣阁
主案设计_罗思敏
参与设计师_招志雄、丘志超、罗敬涛
项目地点_广东广州市
项目面积_800平方米
投资金额_600万元

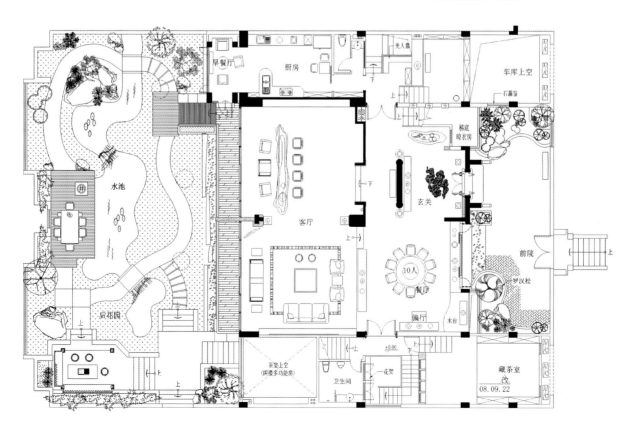

平面图

参评机构名/设计师名:
肖军 Xiao Jun
简介:
中国建筑装饰协会会员（CIID），2013年度深圳优秀室内设计师，毕业于江西省南昌大学，2008深圳市科源建设集团有限公司，2009深圳市文格空间顾问有限公司，2009深圳市名雕装饰股份有限公司。

良好的设计视觉，严谨的设计态度。

品悦方圆：深圳卓越维港联排别墅
Attitudes On Tradition

A 项目定位 Design Proposition
抛弃城市的豪华凡俗之气，用建筑的自身元素，独立的方圆视觉，表达出城市人喧嚣背后隐逸。

B 环境风格 Creativity & Aesthetics
方，如他硬朗， 圆，似她温润， 糅合方圆， 在方直中感受张力， 在曲线中体会动感， 方中见圆，圆中有方， 实现交融、统一。

C 空间布局 Space Planning
公共区域完全释放出来，几个空间的大面积整合，使得空间感成立方增长。

D 设计选材 Materials & Cost Effectiveness
利用建筑手法的本源，运用最原始的涂料作为亮点，配合大量的辅助光源，独特的方圆视觉完成本案。

E 使用效果 Fidelity to Client
业主本家族对设计都比较认可，对设计效果表示很满意。

项目名称_品悦方圆：深圳卓越维港联排别墅
主案设计_肖军
项目地点_广东深圳市
项目面积_300平方米
投资金额_200万元

一层平面图

二层平面图

参评机构名/设计师名:
马治群 Joe Ma
简介:
毕业于香港大学，从业20多年，拥有深厚的设计功底，其作品充满浓郁的文化气息，在国内主持过众多设计作品，以及大型商业项目建设。
设计独白：设计源于生活，又高于生活，设计师不仅为业主规划合理的室内空间，更为业主提供

一个新的生活方式，提高其生活质量、品味。

弘梧岳
Hong·WuYue

A 项目定位 Design Proposition

本案为私家庄园，在20多亩地的空间面积里，覆盖了独栋别墅、会所、游泳池、高尔夫、网球等配套设施，在整体策划和市场定位上意在展现庄园的高贵庄严、恢弘大气。

B 环境风格 Creativity & Aesthetics

本案采用古典欧式的设计手法，追求华丽、气派、典雅、新颖。彰显尊贵、贴近自然，符合主人的精神诉求与品位。风格上，沿袭古典欧式风格的主元素，融入现代生活要点。通过完美曲线、陈设塑造、精益求精的细节处理，透入空间的豪华大气。整个空间让人领悟到欧洲传统的历史痕迹与深厚的文化底蕴，同时又摒弃了过于复杂的肌理和装饰。

C 空间布局 Space Planning

在功能布局上，动线清晰明了，动静分明。一层为动态空间，配备客厅、钢琴区、偏厅、咖啡厅、茶室、书房、中西餐厅、中西厨房。二、三层均为静态空间，主卧均附带休息厅、书房、更衣间、洗手间；客房附带独立的休息厅和洗手间。

D 设计选材 Materials & Cost Effectiveness

在材质运用上，结合了业主的喜好，撇开了在大众眼帘中清淡的色彩，主要以大理石、金箔、壁纸、镜面、黑檀为主系。

E 使用效果 Fidelity to Client

整个庄园勾勒后的效果，得到很多业主朋友的认同，并建起了类似的庄园别墅。

项目名称_弘梧岳
主案设计_马治群
参与设计师_刘思芍、林惠桢
项目地点_福建福州市
项目面积_3000平方米
投资金额_2000万元

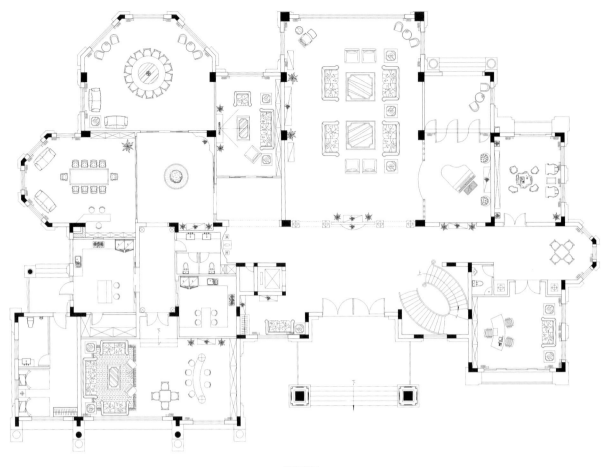

一层平面图

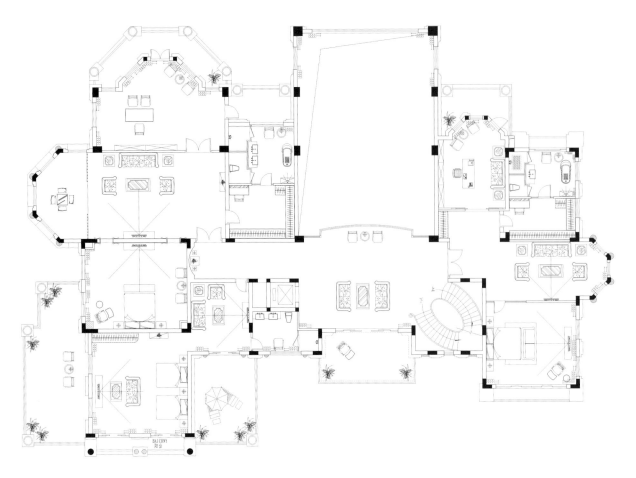

二层平面图

Restaurant

餐厅空间

外 婆家西溪天堂店
Grandma's Home
Xixi Tiantang Restaurant

大 明宫：福洋酒店
DaMing Palace-FuYang Hotel

醉 东方
Drunk Oriental

梅 林阁
MeiLin Mansion

浙 江隆荟
Longhui in Zhejiang

成 都金牛万达食彩餐厅
Chengdu WanDa
Plaza Shicai Restaurant

蓬 莱怡景餐厅
Penglaiyijing Restaurant

坊 上人：紫薇田园都市店
Fanshengren Restaurant
(ZiWei Village DuShi)

曲 江鼎满香餐厅
Qujiang Ding Man Xiang Restaurant

王 家渡火锅黄冈店
Wong's Hot Pot
Restaurant (Huanggang)

浙 江荣庄
Rongzhuang in Zhejiang

余 杭小古城餐饮
YuHang Small Town Restaurant

麓 舍餐饮会所
Lu-House Dining Club

皇 家君逸餐厅
Royal JunYi Retaurant

凯 丽时尚餐厅
Kelly Stylish Restaurant

南 京新巴黎咖啡
New Paris Cafe

和 童年味道的久别重逢
Reunion of Childhood Flavors

大 董富春山居店
DaDong Duck Restaurant
(FuChun Resort, Beijing)

常 州文笔山庄大酒店
Changzhou Style Villa Hotel

鱼 满塘
Pond Full of Fish

参评机构名/设计师名:
内建筑设计事务所/
Interior Architecture Design

简介:
建筑内,界定了空间关系发生的边线,也限制住许多室内设计公司的工作范围。内建筑,建筑在内部空间的延伸,由内做始点,却又不完全仅仅局限于对建筑内部。内建筑与建筑内,文字上的翻转更为准确的表达出建筑与室内设计的关系。"内建筑"以此为切入点,由此展开新的设计视野建构计划。内建筑设计事务所于2004年4月正式成立,核心的设计团队以不同教育背景以及多年来不同领域的实践经验,使作品呈现出更加丰富多元的创作思维,设计所涉及的领域也更为宽泛,得以跨越建筑与室内设计之间的界线,实现更为广义范围内空间设计的概念,领域涉及商业空间设计、房地产项目、办公空间设计及旧建筑改造等。作为一个具有洞察力和丰富历练的设计团队,内建筑设计事务所以其特有的认识建筑与室内的态度和方法,在立场与市场之间平衡把我,用追求自由创作的激情在业界赢得口碑,并赢得多个奖项。

外婆家西溪天堂店
Grandma's Home Xixi Tiantang Restaurant

A 项目定位 Design Proposition
如导演般用画面叙说印记,用空间给人们造一个回不去的混杂的新梦。

B 环境风格 Creativity & Aesthetics
霓虹闪过梨花白,土墙夯过虫洞开,又是一年春草绿,几经回望舴艋来。

C 空间布局 Space Planning
室内建筑重构。

D 设计选材 Materials & Cost Effectiveness
虽然运用的是钢木,旧瓦、灰墙,但却有着柔软的表现。

E 使用效果 Fidelity to Client
满意。

项目名称_外婆家西溪天堂店
主案设计_沈雷
参与设计师_孙云、杨国祥、潘宏颖
项目地点_浙江杭州市
项目面积_2000平方米
投资金额_800万元

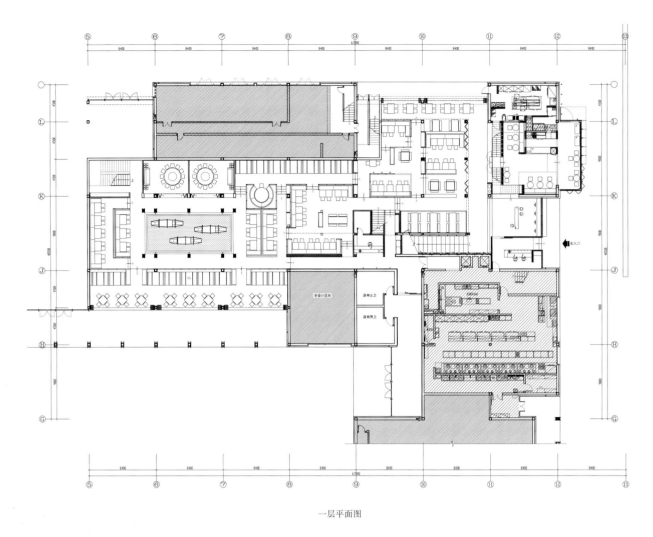

一层平面图

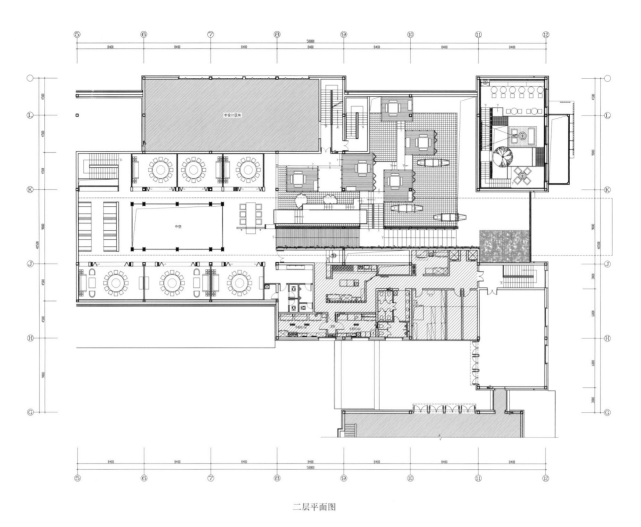

二层平面图

参评机构名／设计师名：
王颂 Joe Wang
简介：
2009-2010年度中国国际设计艺术博览会评为
室内设计百强人物，CBDA注册高级室内建筑
师，2008中国室内装饰协会精英奖。

大明宫：福洋酒店
DaMing Palace-FuYang Hotel

A 项目定位 Design Proposition
作品地处唐高祖李渊起兵之地历史名城太原，项目坐落在古汾河河畔景观绿地内，是融合现代与中国唐文化元素打造的高端餐饮会所，尝试从现代角度去呈现中华文化在审美上对瑰丽的理解。

B 环境风格 Creativity & Aesthetics
时下大多中式风格大多作品理解都是以质朴，内敛，低调，素雅为共性。就这个项目希望能做出探讨与突破，去挖掘中式的瑰丽与张扬，尝试让世人重新认识中国建筑装饰文化艺术还有另外一面的特质——瑰丽、绚烂，中式风格不是青砖、木格、质朴与素色。在色彩应用上上大胆大量地应用中国红作主调，体现唐宫涵义，并采用大量经现代手法处理过的丝绸之路元素、骆驼、敦煌壁画等。

C 空间布局 Space Planning
作品在布局上强调私隐，强调单门独户，强调与汾河景观融合。

D 设计选材 Materials & Cost Effectiveness
作品工艺用材上追求突破，地面石材应用大量嵌铜图案工艺，应用石材薄片覆贴工艺将玉石大块面制作成能透光的门体，体现中国文化对玉石的理解。

E 使用效果 Fidelity to Client
成为当地最具文化内涵代表性的高品位高端食府，既坐拥山西文化特色又追求另类对中华审美的理解。

项目名称_大明宫：福洋酒店
主案设计_王颂
参与设计师_莫旭君
项目地点_山西太原市
项目面积_3300平方米
投资金额_2600万元

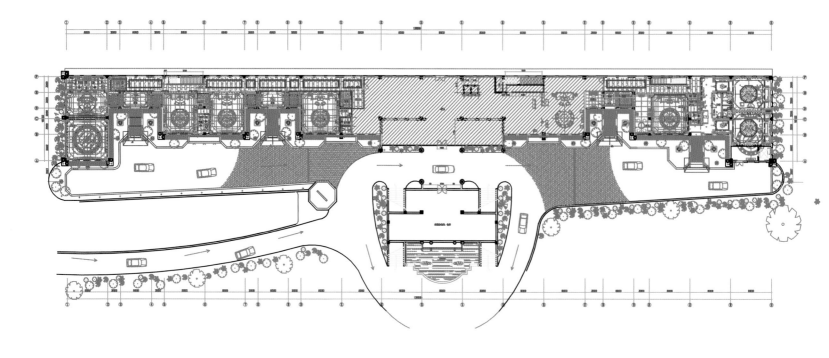

一层平面图

参评机构名/设计师名：
施旭东 Allen
简介：
唐玛（上海）国际设计首席设计师，旭日东升
设计顾问机构创办人，国家注册高级室内建筑
师，IFI国际室内建筑师设计师联盟资深会员，
CIID中国建筑学会室内设计分会理事，FJDC
中国装饰协会福建设计师专委会会长，YBC

（中国）创业导师中国陈设艺术专委会理事。

醉东方
Drunk Oriental

A 项目定位 Design Proposition

略显窄小的门框似乎隐匿在周边的竹林之中，"唐"字的传统化设计在灯光的映衬下形成某种视觉的焦点。在会所中，设计遵循着传统文化的精神。诠释着阴阳协调的理念，并赋予了生活积极的意义和动力。

B 环境风格 Creativity & Aesthetics

设计师用淡定从容的细节主张，绘制成传统生活的一个缩影，看似从感官上的喧嚣中回到朴实无华，实则拉开一幕精彩的篇章。置身其中，于有形无形之间开启中国传统文化的心灵悟性。其独特的表现形式营造了一种洋溢着浓郁人文气息的精神氛围，让人们找到某种精神的皈依。

C 空间布局 Space Planning

设计师用现代的几何解构思想来表达一种文化的碰撞与融合，并让空间在轻与重之间沟通共融。彼此之间的适度差异让空间充满了生动，"恬淡中和、翰墨飘香"是对这个空间最好的形容。

D 设计选材 Materials & Cost Effectiveness

灰砖铺设、木质装饰、钢板材质、设计师亲手白描的荷花图案带着沉稳的力量，粗犷的质感与其周围的环境产生了对话，设计师通过对传统文化的思考让内心在不绚丽、不耀眼、不强烈的环境中，产生归去来兮的淡然。

E 使用效果 Fidelity to Client

新东方文化的碰撞让人们仿佛走入另一重境界，身心不自觉地摇曳在艺术与文明的氤氲情境之中，衍生出一种安宁的心境。

项目名称_醉东方
主案设计_施旭东
参与设计师_洪斌、陈明晨、林民、王家飞、胡建国
项目地点_福建福州市
项目面积_250平方米
投资金额_40万元

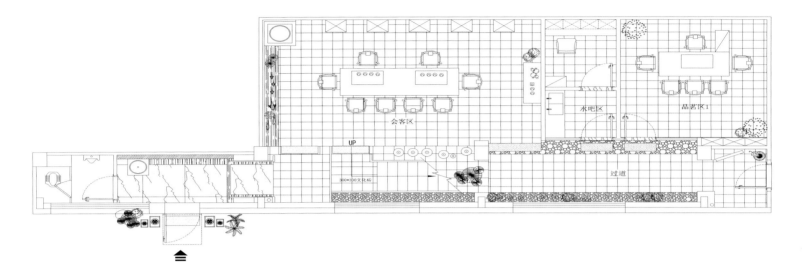

一层平面图

参评机构名/设计师名：
许建国 Xu Jianguo
简介：
安徽许建国建筑室内装饰设计有限公司创始人及设计主持。
安徽省建筑工业大学环境艺术设计专业，进修于中央工艺美术学院室内设计大师研修班，武汉艺术学院设计艺术学硕士研究生班毕业。

CIID中国建筑学会室内设计分会会员，国家注册高级室内建筑师，中国建筑室内环境艺术专业高级讲师，中国美术家协会合肥分会会员，Id+c"中国十大青年设计师"全球华人室内设计联盟成员，第三届精品家居中国高端室内设计师大奖商业工程类金奖。

梅林阁
MeiLin Mansion

A 项目定位 Design Proposition

梅林阁餐厅的设计，设计师借本案追寻远离城市的喧嚣，寻找一份宁静、一份自然、一份和谐的心灵碰撞。

B 环境风格 Creativity & Aesthetics

梅林阁餐厅的设计，项目本身比较特殊。其建筑是居住房结构，位于18层住宅楼的顶层位置。希望在这方净土，人的精神世界，可以得到自我净化，在这样的环境影响，到处都可以找到生活的乐趣。

C 空间布局 Space Planning

设计师希望在空间氛围的营造上倾向于"说故事"来呈现，充分把他的情感经历融入到餐厅的设计当中。

D 设计选材 Materials & Cost Effectiveness

设计师在室内选用了大量极富自然、古朴的装饰物件，这些物件都是经过精心挑选过的，它们为空间氛围营造带来了许多惊喜。

E 使用效果 Fidelity to Client

运营效果很好，业主和消费者都很喜欢。

项目名称_梅林阁
主案设计_许建国
项目地点_安徽合肥市
项目面积_260平方米
投资金额_60万元

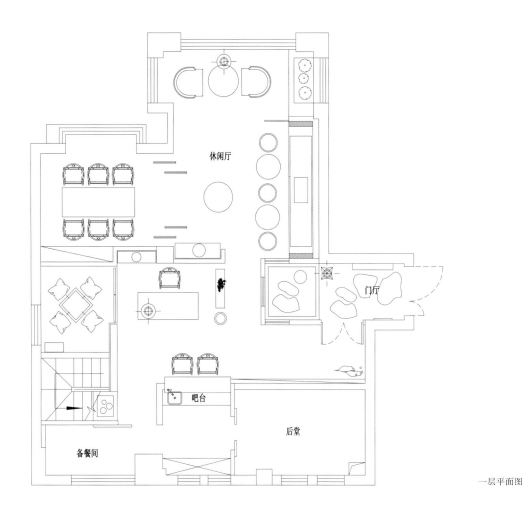

休闲厅

门厅

吧台

后堂

备餐间

一层平面图

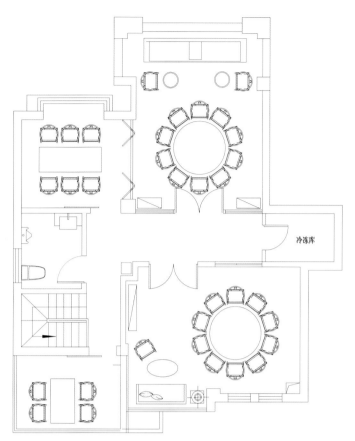

二层平面图

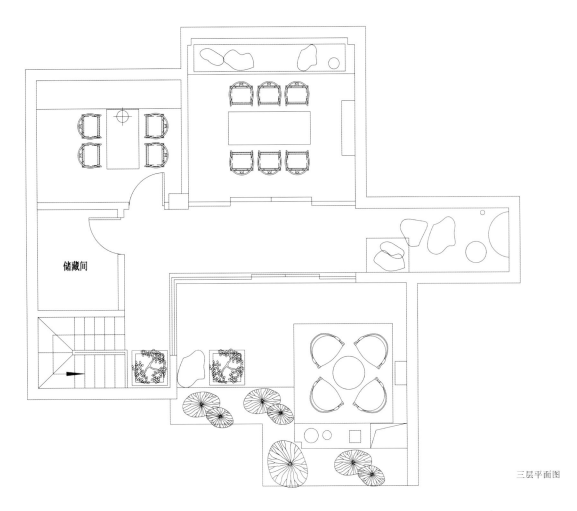

储藏间

三层平面图

参评机构名/设计师名：
蒋建宇 Jiang Jianyu
简介：
宁波宁海人氏，1994年大学毕业，2001年组建大相艺术设计公司，2011年组建大相莲花陈设艺术公司。设计方面，比较喜欢赖特的设计，还有一些简单易懂的小园林。

浙江隆荟
Longhui in Zhejiang

A 项目定位 Design Proposition
本项目除了无与伦比的景观环境外，其所拥有的配套功能亦使本会所在同类市场竞争中立于前端。会所中除拥有九间贵宾房外，另有会务、茗茶、展览、沙龙等配套场地。而每个贵宾房，都具有会客区、茶座、阳光房及独立的外部隐私小院。另外如此高端的配套却拥有着一外东方面孔。

B 环境风格 Creativity & Aesthetics
本餐厅因地理环境的关系，所以如何更好做到内外相通融、如何更好利用环境是处理空间的重点。这个项目的创新点在于将外环境的整治，作为室内空间设计的一个重点补充及亮点。而空间参与者的感观是通过内外景观观察点的连接而达到的。

C 空间布局 Space Planning
餐厅经过改造使之拥有了会所的气质感。入口悠长的道路，一再以悠美的景观绿化感动着来访者，而四合院状的空间使餐厅拥有一个美妙的水景中庭，也使每个包间都有一个亲近自然的阳光房。

D 设计选材 Materials & Cost Effectiveness
室内多处选用当地传统材料，当地石头砌成的围墙，当地古船木拼成的阳光房天花板，将本土风情与现代美学巧妙融合在一起，营造出浓郁的海洋文化气息。带着这种无限自由的设计精神和充满灵感的生动设计，设计师为大家呈现了一个清幽静谧、精致细腻的静心之所。

E 使用效果 Fidelity to Client
市场唯一性的定位，在当地无人与比。

项目名称_浙江隆荟
主案设计_蒋建宇
参与设计师_郑小华、胡金俊、李水
项目地点_浙江台州市
项目面积_2800平方米
投资金额_1700万元

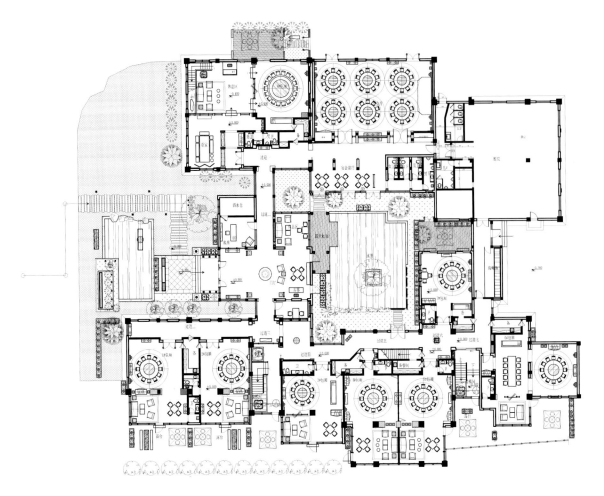

一层平面图

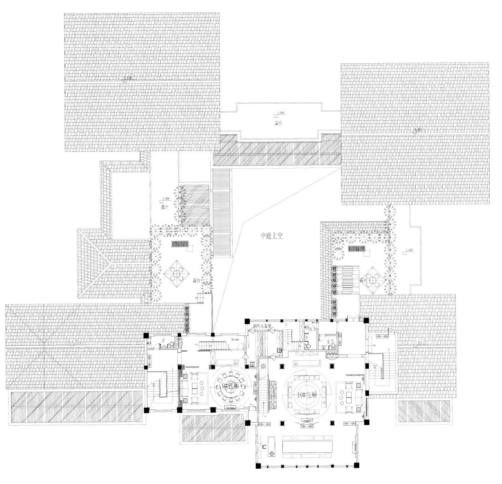

一层平面图

参评机构名/设计师名:
高雄 Jackgao

简介:
道和设计顾问有限公司创始人。社会职务:中国建筑室内装饰协会建筑室内设计师,中国建筑学会室内设计分会会员,建筑装饰装修工程师,IAI国际室内建筑师与设计师理事会华南区及福建代表处理事。

成都金牛万达食彩餐厅
Chengdu WanDa Plaza Shicai Restaurant

A 项目定位 Design Proposition

用自然与民族品质融入设计的微妙组合,是这个空间所拥有的定义。

B 环境风格 Creativity & Aesthetics

自然与动态的融合,好似会呼吸般生机焕然。再搭配云南的民族特色,独有的图腾、鲜明的地域景观画面。

C 空间布局 Space Planning

"曲径通幽处,禅房花木深。山光悦鸟性,潭影空人心。"由这样一种意境引入设计思维,曲径通幽的布局,揭开层层的精致与细腻。

D 设计选材 Materials & Cost Effectiveness

清新的橡木原色,传递着和谐的氛围;大面积的玻璃好似湖水般清澈;有如天空般纯净的孔雀蓝玻璃与鲜艳的花卉草木细心镶嵌,饱满而不失节奏;缤纷的蝴蝶在空间中交错,带着勃勃生机。

E 使用效果 Fidelity to Client

分割出的层层空间,好似门庭若市的热闹景象,但却给予身处其间的人们完好的私人空间,尽显巧妙。

项目名称_成都金牛万达食彩餐厅
主案设计_高雄
参与设计师_高宪铭
项目地点_四川成都市
项目面积_325平方米
投资金额_70万元

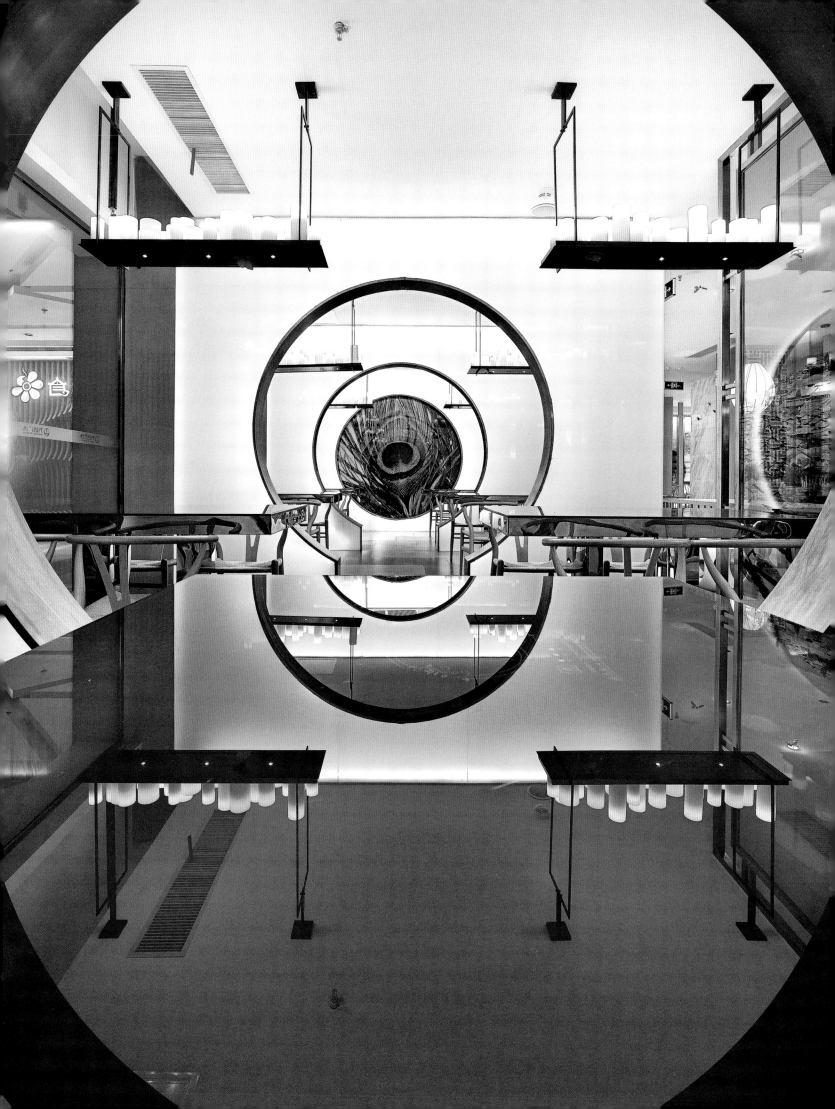

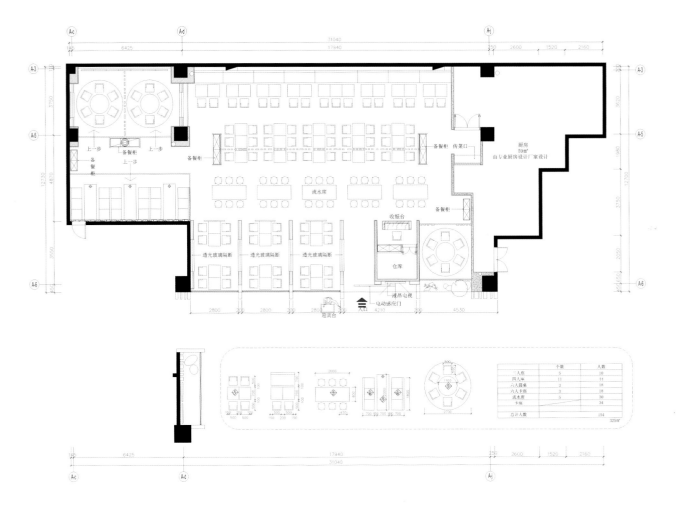

一层平面图

参评机构名／设计师名：
冯嘉云 Feng Jiayun
简介：
中国建筑学会室内设计分会高级室内建筑师，
中国建筑装饰协会高级室内建筑师，IFI国际室
内建筑师／设计师联盟会员，ICIAD国际室内建
筑师与设计师理事会会员，法国国立科学技术
与管理学院项目管理硕士学位。

蓬莱怡景餐厅
Penglaiyijing Restaurant

A 项目定位 Design Proposition
设计表现上着意营造与"蓬莱"相对应的情境个性，与所在基地的景区气质协调，以迎合旅游目标客群浑然忘我的身心预期，在业态气质上，与随机产生的各型目标客群产生无差别亲和感。

B 环境风格 Creativity & Aesthetics
本项目被湖境包绕，周边都充溢着山水自然的基因，为此，在业态空间环境考量上，放弃了室内的自然意向的赘述，与环境的融合是通过简约线性的开放式样实现的，呈现对山水的拥抱姿势，又不放弃对内部的个性化塑造。

C 空间布局 Space Planning
空间布局强调井然秩序，着意明畅响亮的线条感，公共空间多竖向表现，呈现挺拔，产生视觉暗示——层高更高，力主提高空间舒适度。

D 设计选材 Materials & Cost Effectiveness
基地环境的自然调性，在空间用材上得到了延续与细化，木性光辉在本空间得到最大化彰显，主材中水曲柳饰面的自然肌理，粗犷的老模板与精到纹饰的搭配，无不体现道法自然、取悦身心的设计用心。

E 使用效果 Fidelity to Client
经营后的业态呈现利好趋势。一是获得了周边大型社区与企业办公商务人士的青睐，包厢生意火旺，私密与端庄稳健的包厢气质成为核心吸引点。

项目名称_蓬莱怡景餐厅
主案设计_冯嘉云
参与设计师_铁柱、陆荣华
项目地点_江苏无锡市
项目面积_1400平方米
投资金额_1000万元

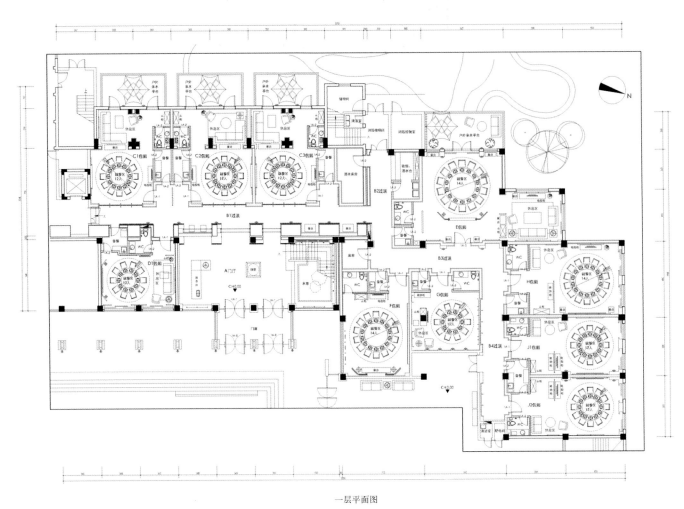

一层平面图

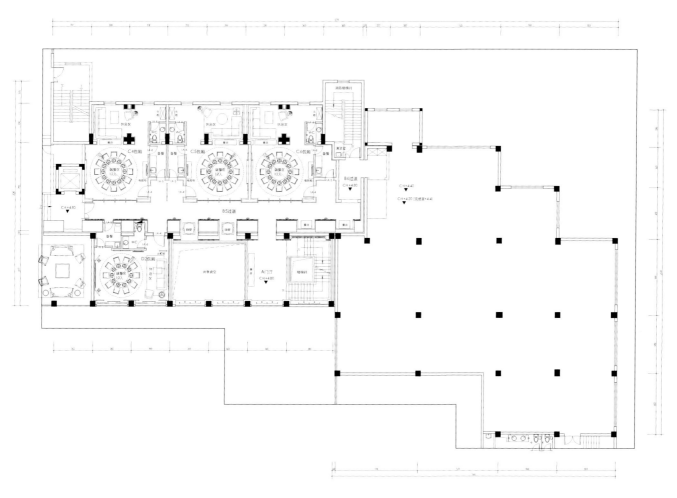

二层平面图

VIP 109

参评机构名/设计师名：
西安本末装饰设计有限公司/
BENMO-DECORATE WITH DESING CO,LTD
简介：
西安本末装饰设计有限公司于2009年正式成立，是一家具有室内设计、预算、施工、材料于一体的专业化装饰公司。主要业务范围包括别墅、商业会所、办公楼、及厂房、酒店、餐饮、售楼部、商业步行街、展厅等设计与施工。
荣誉：公司作品"西安坊上人餐饮（电子城店）扩建工程"荣获2010亚太设计筑巢杯优秀设计奖。公司参赛作品"坊上人餐饮田园都市店"荣获陕西省第五届室内装饰设计大赛铜奖。公司参赛作品"集众电子办公大楼"荣获陕西省第五届室内装饰设计大赛优秀奖。公司参赛作品"蜀香鱼火锅作坊"荣获陕西省第五届室内装饰设计大赛优秀奖。公司参赛作品"坊上人田园都市店"荣获陕西省第五届室内装饰设计大赛铜奖。公司参赛作品"西安蓝积木运动会所" 获陕西省室内设计优秀奖。西安兄弟标准工业有限公司 多功能厅获陕西省室内设计佳作奖。

坊上人：紫薇田园都市店

Fanshengren Restaurant (ZiWei Village DuShi)

A 项目定位 Design Proposition

作为弘扬清真餐饮文化的窗口，需要更加开放，现代，融合民族性与时代感的全新形象。

B 环境风格 Creativity & Aesthetics

为了在环境中契合其伊斯兰风格背景，用阿拉伯花纹图案的镂空铝板将建筑包裹。白天，阳光透过顶面花格，投射在建筑立面上，或透过花格直接穿透玻璃墙面投射在室内，形成错落变化的光影。晚上，室内光线透出花格，整个建筑又呈现出阿拉伯铜灯般的神秘。

C 空间布局 Space Planning

八角星，阿拉伯装饰图案中的一个核心元素，全方位运用在整个空间中，民族现代感脱颖而出。建筑外立面的镂空层铝板和玻璃幕墙形成双层皮肤，自然光线在其间相互切割，由外而内，由上而下。与之相反，在人工光线的设计上，刻意设计为由内而外，由下而上，利用与人的习惯感知相反的体验，营造神秘感。

项目名称_坊上人：紫薇田园都市店
主案设计_陈海
项目地点_陕西西安市
项目面积_3000平方米
投资金额_1200万元

D 设计选材 Materials & Cost Effectiveness

使用现代的材质和工艺表现。外立面的轮廓使用最简洁的圆弧形，而表面的铝板上却是复杂的镂空图案。建筑正立面的深色石材也和上面的镂空层形成厚重与轻薄的对比碰撞。各个包间装饰墙面的马赛克拼花，同一种基础型运用不同的色彩色调搭配出不同的视觉感受。阿拉伯铜灯在传统灯型基础上再次设计改造。

E 使用效果 Fidelity to Client

店内外焕然一新，装饰风格将中华传统文化与伊斯兰文化和现代餐饮文化巧妙结合，独树一帜。其设计风格在业内受到多方肯定，在微博和杂志报道，并展开设计师之间的交流与探讨。

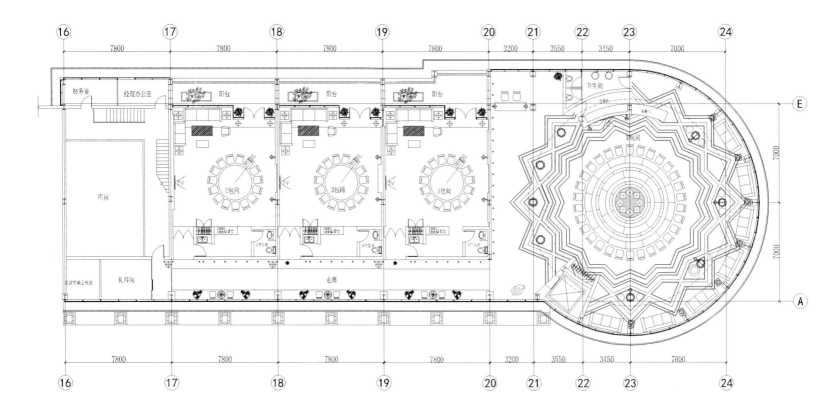

一层平面图

参评机构名／设计师名：
深圳市汇博环境设计有限公司/
Shenzhen Hope Box surroundings Design
Co.,Ltd.

HOPEBOX
汇博设计

简介：
2005年由深港两地的成建造（香港）设计有限公司、深圳梓人设计有限公司、深圳深港建设三家设计公司的四名主创设计师组成的设计

团队，配合设计师六十六人。专业提供以室内设计为主，建筑景观及规划设计为辅的设计服务。公司现有设计场所四处：深圳南山公司、深圳罗湖公司、深圳福田公司、西安分公司。

曲江鼎满香餐厅
Qujiang Ding Man Xiang Restaurant

A 项目定位 Design Proposition
本案位于古城西安大雁塔广场旁，为当地的知名餐饮品牌，此次重新立意，为当地餐饮业开启新河。

B 环境风格 Creativity & Aesthetics
欧式的纯粹感与ARTDECO结合，摆脱周边古典中式的厚重感，寻求典雅的用餐氛围。

C 空间布局 Space Planning
尽管多条1米见方的结构柱和3.5米的天花标高限制了风格定位，但经过阵列与拱顶造型的处理，结合大量机电改造，提升了空间感和进深感。

D 设计选材 Materials & Cost Effectiveness
现场天花采用水纹不锈钢板，结合地面银白龙大理石的黑白波浪纹理，加以水花玻璃雕塑，上下镜射，营造了清透的前厅气氛；用餐大厅以米白为基色，辅以拱形的天花艺术彩绘，反而显得雍容开阔；包间以壁挂的明镜、油画相互映照，衬以典型的欧式墙板，众多的花线点缀，温暖自然。

E 使用效果 Fidelity to Client
本案以简洁、单纯的设计营造明亮、舒适的餐厅环境，带给客人愉快的用餐感受，提升了业主的产业价值。

项目名称_曲江鼎满香餐厅
主案设计_曹成
项目地点_陕西西安市
项目面积_1300平方米
投资金额_1200万元

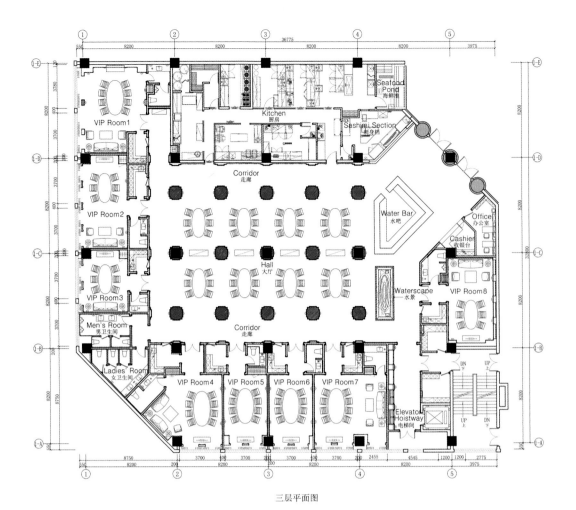

三层平面图

参评机构名/设计师名：
李向宁 Nina
简介：意大利米兰理工大学国际室内设计硕士，经典
国际设计机构(亚洲)有限公司艺术总监，中国
建筑学会室内设计分会会员。

王家渡火锅黄冈店
Wong's Hot Pot Restaurant (Huanggang)

A 项目定位 Design Proposition

王家渡火锅黄冈店位于湖北省黄冈市的遗爱湖公园腹地，遗爱湖是黄冈市内最美的城市自然湖景公园，湖畔种植的大多是扶岸的垂柳，湖面波光粼粼，一如丝绸般飘逸，褶皱处也满含诗情；广阔的湖面，明净而通透，湖波如境，杨柳夹岸，照映倩影，充满无限柔情。

B 环境风格 Creativity & Aesthetics

沿着湖边小径走向餐厅，湖边的自然美景恰如苏轼描写过的醉人西湖景色："水光潋滟晴方好，山色空蒙雨亦奇"，隐逸于山水之中，这是餐厅所处环境对设计的灵感启发。通过合理保留与利用周边植栽，重新定义建筑和自然的关系，达到设计与自然的平衡。

C 空间布局 Space Planning

室内空间的设计概念源自王家渡火锅的品牌核心理念,即渡口文化的重新演绎。于是有关渡口文化中的人文和自然元素演变为空间中的设计语汇。水纹、卵石、游鱼、水鸟、菖蒲、蓬船、栈道等视觉意象通过抽象化提炼，以不同的材质来体现。在空间中，金属、玻璃、石材、木材等传统材料成为新的载体，以创新的手法共同编织一幅悠然纯美的自然美图。

D 设计选材 Materials & Cost Effectiveness

顶层的观景露天更是欣赏湖景的绝佳之地，木质地台、白玉围栏、青黛瓦面，围合成一处私密的顶层空间，开阔的视野提供了欣赏湖景的无限可能，无论是清晨还是日暮，坐落露台，沐浴清风，凭栏远眺。

E 使用效果 Fidelity to Client

正如东坡词："认得醉翁语，山色有无中。一千顷，都镜净，倒碧峰"。

项目名称_王家渡火锅黄冈店
主案设计_李向宁
参与设计师_王砚晨、郭文涛
项目地点_湖北黄冈市
项目面积_1900平方米
投资金额_1900万元

参评机构名／设计师名：
蒋建宇 Jiang Jianyu
简介：
宁波宁海人氏，1994年大学毕业，2001年组建大相艺术设计公司，2011年组建大相莲花陈设艺术公司。设计方面，比较喜欢赖特的设计，还有一些简单易懂的小园林。

浙江荣庄
Rongzhuang in Zhejiang

A 项目定位 Design Proposition
荣庄集餐饮空间和私人会所于一体，前者对外开放，后者则是极私密的非营业空间。项目依原防洪林而建，充分利用原有林木资源来营造良好的城市绿肺，环境轻松优雅。定位是度假式餐饮。

B 环境风格 Creativity & Aesthetics
在设计上追求景观与室内的完美结合，强调宾客的角色参与。打破室外、室内的心理界线，是本案设计的最佳特色。

C 空间布局 Space Planning
建筑的内部空间宽敞通透，整体空间呈现出后工业时代的粗犷厚重。简洁的内环境装饰展示出空间的有机性，让人成为空间的主体，让窗外的美景成为真正的视觉焦点，打破内外空间的阻隔与界线。

D 设计选材 Materials & Cost Effectiveness
室内空间由大量的红砖及水泥、未经打磨的土坯墙面组成，大幅的艺术品，粗犷的线条，朴拙的工艺，随处可见的艺术品，让整个空间更像一个艺术工厂。单体空间亦是如此，近乎素白的装饰，配以藤制的座椅、枯枝插花、琉璃吊灯，简约素雅。

E 使用效果 Fidelity to Client
因为就餐环境的舒适，贴近大自然的城中绿舟的享受，使该物业已成为当地一时尚场所。

项目名称_浙江荣庄
主案设计_蒋建宇
参与设计师_楼婷婷、董元军、郑小华、李水
项目地点_浙江台州市
项目面积_6000平方米
投资金额_1200万元

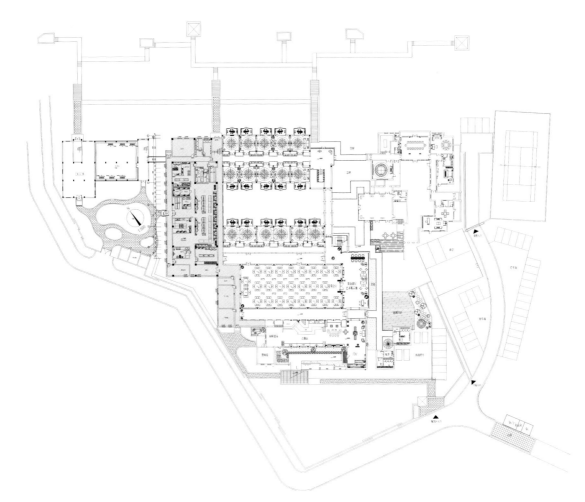

一层平面图

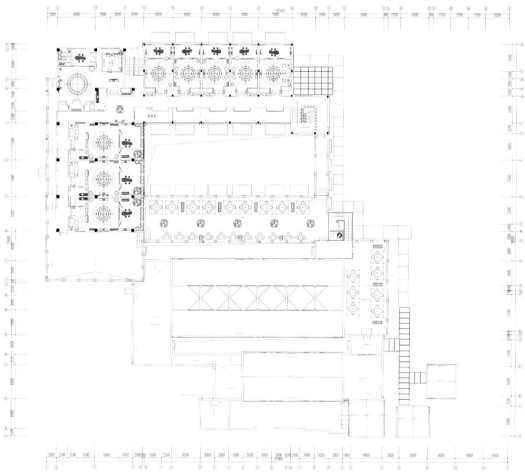

二层平面图

参评机构名/设计师名:
浙江亚厦设计研究院有限公司/YASHA
简介:
经过十多年的发展壮大,公司现已成长为中国建筑装饰行业的知名企业和龙头企业。专注于高端星级酒店、大型公共建筑、高档住宅的精装修,树立了"亚厦"在中国建筑装饰行业的一线品牌地位和高端品牌地位。公司先

后承接了北京人民大会堂浙江厅、北京首都国际机场国家元首专机楼、青岛国际奥帆中心、上海世博中心、上海浦东国际机场、中国三峡博物馆、中国财政博物馆、中国海洋石油总公司办公大楼等国内知名大型公共建筑以及北京御园、杭州留庄、阳光海岸、金色海岸、鹿城广场等高档住宅的精装修工程,同时承接了Four Seasons(四季)、Banyan

(悦榕)、Marriott(万豪)、InterContinental(洲际)、Hyatt(凯悦)、Hilton(希尔顿)、Starwood(喜达屋)、Accor(雅高)、Shangri-La(香格里拉)、Wyndham(温德姆)等世界顶级品牌酒店的精装修工程。2002以来,公司共荣获"鲁班奖"等59项国家级优质工程奖,"钱江杯"奖等265项省(部)级优质工程奖。浙江亚厦装饰股份有限公司践行"装点人生,缔造和美"愿景,坚持"创新、共赢、经典"理念,本着"质量第一、信誉至上"宗旨,精心设计,优质施工,努力使客户获得最大价值和最满意服务。

YASHA亚厦股份

余杭小古城餐饮
YuHang Small Town Restaurant

A 项目定位 Design Proposition
传统的禅、茶文化在现代餐饮中的运用,中国十大禅茶之一的径山茶产自径山镇,据考证是日本茶道的源头,由唐朝来中国的日本僧人传入日本,形成现代日本茶道,所以每年有大量的日本游客来径山镇,寻找日本茶文化的起源。

B 环境风格 Creativity & Aesthetics
项目位于杭州余杭径山镇小古城村,餐厅以日式风格为主题结合径山寺的禅茶文化,为客人提供沉静、自然的就餐环境。

C 空间布局 Space Planning
建筑布局以谷仓为单元的散落式的个体组合,形成自然的部落空间,室内设计在空间营造上强化谷仓概念和灰空间院落的营造,并能与外界的环境如茶园、稻田、竹林形成对话。

D 设计选材 Materials & Cost Effectiveness
内设计从整体氛围的营造到灯光的配置、家具的选型、布艺的颜色,结合当地的材料,来表现餐饮文化的"禅"与"茶"。选材上以本土材料为主如竹、藤、瓦、青石并运用传统工艺进行加工和运用,如夯土围挡的借用。

E 使用效果 Fidelity to Client
满意度高。

项目名称_余杭小古城餐饮
主案设计_陈元甫
参与设计师_高奇坚
项目地点_浙江杭州市
项目面积_550平方米
投资金额_100万元

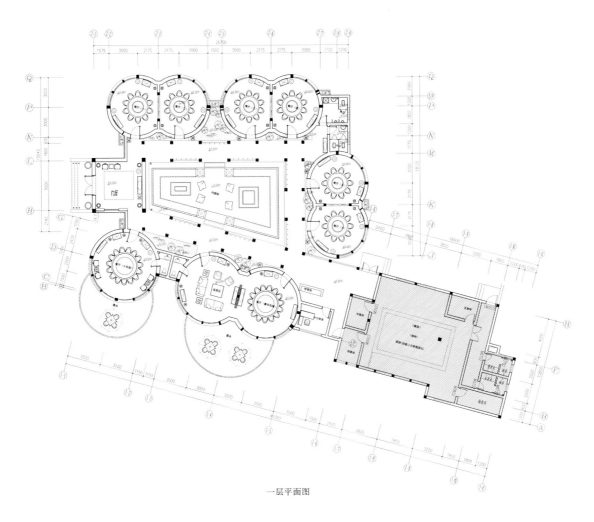

一层平面图

参评机构名/设计师名：
林鸿 Leo Lam
简介：
从事室内设计工作多年，有丰富的设计施工经验，对商业空间的业态有一定了解，善于把握市场需求与商业定位，同时在每个新项目中打破传统的设计思维，以打造真正富有创意及灵感的商业空间。

所涉及项目类型包括：餐饮、会所、主题酒店、主题咖啡等各种主题商业空间。

麓舍餐饮会所
Lu-House Dining Club

A 项目定位 Design Proposition

本案位于山林麓间，环境优美、气候宜人，其自然淳朴的空间情境让餐饮氛围拥有了别样的气质，家一般的感觉。为让周边优美的自然景观引入室内空间，房间最大限度地留出了开窗面积。同时结合中国传统水墨画、中国传统工艺"三绝"福州脱胎漆器、根雕、漆画这些艺术品让空间赋予了更多的人文气息，感染着宾客，传承东方文化。在这里，人们在品尝着精致菜肴的同时感知传统艺术的内涵。

B 环境风格 Creativity & Aesthetics

设计中将传统的中式元素经过严格的筛选，恰到好处地运用于会所的各个空间；整体布局和搭配连贯统一，浓厚的传统韵味流露，中式笔墨挥洒其中，真实、纯朴，整体色调古朴、雅致。

C 空间布局 Space Planning

空间布局上更加强调功能的实用性，以及视觉感官效果。运用中国私家园林的造景手法让本身乏味的方正空间变成无限蔓延、有趣，移步换景。同时又恰到好处地结合了实用性。

D 设计选材 Materials & Cost Effectiveness

在设计中更加强调功能，装饰造型上没有过多华丽的装饰语言，运用了素水泥、青砖、青石、白色乳胶漆、粗麻布等朴实的材质来诠释中式韵味。

E 使用效果 Fidelity to Client

运用低廉的材质使得整体造价降低同时又不影响效果，使得甲方在实际运营中很快回收成本。

项目名称_麓舍餐饮会所
主案设计_林鸿
项目地点_福建福州市
项目面积_750平方米
投资金额_200万元

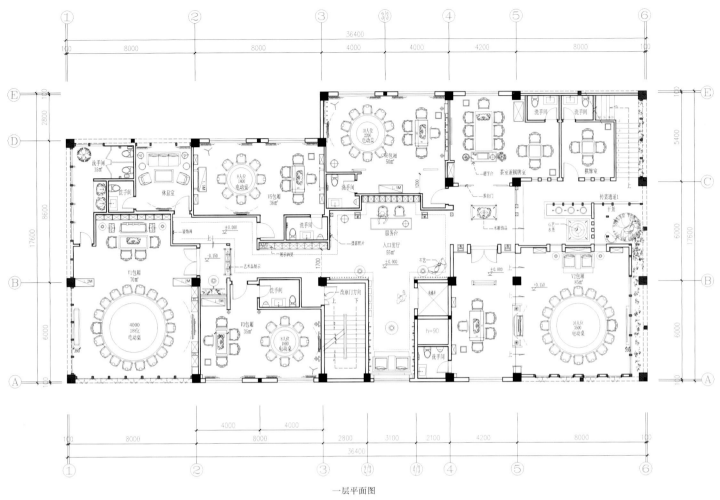

一层平面图